"十四五"时期国家重点出版物出版专项规划项目

中国城乡可持续建设文库

丛书主编　孟建民　李保峰

The Resilient Deconstruction and Reuse of Old Industrial Structures

旧工业构筑物
再生利用韧性解构

U0344922

李　勤　李文龙　王　浩　吕双宁　崔净雅　崔　凯　著

华中科技大学出版社

http://press.hust.edu.cn

中国·武汉

图书在版编目(CIP)数据

旧工业构筑物再生利用韧性解构 / 李勤等著. -- 武汉：华中科技大学出版社，2024.11.
(中国城乡可持续建设文库). -- ISBN 978-7-5772-1388-0

Ⅰ. X799.1

中国国家版本馆 CIP 数据核字第 2024PH8517 号

旧工业构筑物再生利用韧性解构

Jiugongye Gouzhuwu Zaisheng Liyong
Renxing Jiegou

李　勤　李文龙　王　浩
吕双宁　崔净雅　崔　凯　著

策划编辑：简晓思
责任编辑：简晓思
封面设计：王　娜
责任校对：张会军
责任监印：朱　玢

出版发行：华中科技大学出版社(中国·武汉)　　电话：(027)81321913
　　　　　武汉市东湖新技术开发区华工科技园　　邮编：430223
录　　排：武汉正风天下文化发展有限公司
印　　刷：武汉科源印刷设计有限公司
开　　本：710mm×1000mm　1/16
印　　张：14.25
字　　数：215 千字
版　　次：2024 年 11 月第 1 版第 1 次印刷
定　　价：98.00 元

编写(调研)组成员

组　长:李　勤

副组长:李文龙　　王　浩　　吕双宁　　崔净雅　　崔　凯

成　员:侯东辰　　张紫薇　　刘　旭　　陈宗浩　　李艳伟
　　　　孟　海　　刘怡君　　余传婷　　彭绍民　　王锦烨
　　　　杨镇泽　　武兴平　　刘文奥　　刘　娇　　邵亚宇
　　　　李秋予　　刘明烁　　李　强　　王　楠　　李慧民
　　　　贾丽欣　　田　卫　　张　扬　　杨占军　　裴兴旺
　　　　周崇刚　　陈雅斌　　盛金喜　　刘慧军

内容简介 |

　　本书全面、系统地论述了旧工业构筑物再生利用韧性解构的基本内容。全书共 8 章,第 1 章阐述了旧工业构筑物、再生利用、韧性解构的基本内涵,并归纳了旧工业构筑物再生利用韧性解构的框架体系;第 2 章从韧性城市、韧性治理、复杂适应、组织韧性和安全韧性等理论视角,探讨了旧工业构筑物再生利用韧性解构的相关理论;第 3 章从内部空间、外部空间、组合空间、周边区域等方面分析了旧工业构筑物再生利用空间韧性解构的内涵、现状和策略;第 4 章从既有结构、新增结构、改造结构、组合结构等方面分析了旧工业构筑物再生利用结构韧性解构的内涵、现状和策略;第 5 章从建筑文化、历史文化、工艺文化、绿色文化等方面分析了旧工业构筑物再生利用文化韧性解构的内涵、现状和策略;第 6 章从区域发展、社会治理、经济产业、文化传承等方面分析了旧工业构筑物再生利用社会韧性解构的内涵、现状和策略;第 7 章从自然环境、资源能源、景观绿化、内部环境等方面分析了旧工业构筑物再生利用生态韧性解构的内涵、现状和策略;第 8 章介绍了旧工业构筑物再生利用韧性解构的相关案例。

前　　言

　　本书全面、系统地论述了旧工业构筑物再生利用韧性解构的基本内涵和相关理论，并分别从空间韧性、结构韧性、文化韧性、社会韧性和生态韧性等五个方面探讨了旧工业构筑物再生利用韧性解构的内涵、现状和策略等，以及旧工业构筑物再生利用韧性解构的相关案例。全书内容丰富，逻辑性强，由浅入深，紧密结合工程实际，具有较强的实用性，可作为高等院校城乡规划、建筑学、工程管理、土木工程等专业的教学参考用书，也可作为从事相关领域的工程技术人员的参考用书。

　　本书由李勤、李文龙、王浩、吕双宁、崔净雅、崔凯等撰写，具体分工如下：第 1 章由李勤、李文龙、李艳伟、王浩撰写；第 2 章由王浩、李艳伟、李勤、李强撰写；第 3 章由李勤、陈宗浩、彭绍民、吕双宁撰写；第 4 章由李文龙、刘旭、王锦烨、李勤撰写；第 5 章由李勤、侯东辰、吕双宁、崔凯撰写；第 6 章由李文龙、崔净雅、吕双宁、李强撰写；第 7 章由李勤、张紫薇、余传婷、王浩撰写；第 8 章由李勤、崔凯、李文龙、崔净雅撰写。

　　本书的撰写得到了北京市高等教育学会 2022 年度课题"促进首都功能核心区高质量发展的城市更新课程教、研协同发展优化研究"（批准号：MS2022276），北京建筑大学研究生教育教学质量提升项目"基于数字化技术的城市更新课程教学优化实践研究"（批准号：J2024004），北京市教育科学"十三五"规划 2019 年度课题项目"共生理念在历史街区保护规划设计课程中的实践研究"（批准号：CDDB19167），2023 年北京建筑大学校级教材建设项目（批准号：C2302）、北京建筑大学科研培育项目"旧工业构筑物再生利用施工安全风险控制体系研究"（批准号：X24003）的支持。

　　此外，本书的撰写还得到了北京建筑大学、西安建筑科技大学、中冶京诚工程技术有限公司、住房和城乡建设部执业资格注册中心、中冶建筑研究总院有限公司、西安建筑科技大学华清学院、西安华清科教产业（集团）有限公司等的大力支持与帮助。在撰写过程中还参考了许多专家和学者的有关研究成果及文献资料,在此一并向他们表示衷心的感谢!

由于作者水平有限,书中不足之处,敬请广大读者批评指正。

作　者
2024 年 5 月

目　　录

1

旧工业构筑物再生利用韧性
解构基础

1.1　旧工业构筑物基本内涵

1.1.1　基本界定

1. 工业遗产

《下塔吉尔宪章》对工业遗产进行了明确的定义：工业遗产是指工业文明的遗存，它们具有历史的、科技的、社会的、建筑的或科学的价值。这些遗存包括建筑、机械、车间、工厂、选矿和冶炼的矿场和矿区、货栈仓库，能源生产、输送和利用的场所，运输及基础设施，以及与工业相关的社会活动场所，如住宅、宗教和教育设施等。根据国内颁布的地方性工业遗产评价标准，可将工业遗产分为重点保护的珍贵工业遗产、较高价值的工业遗产、一般价值的工业遗产和一定价值的工业遗产。

工业遗产的定义存在广义与狭义的差异，前者囊括了未被价值认定的工业遗产，而后者并不包含未被价值认定的工业遗产，如图1.1所示。

图 1.1　工业遗产的定义与分类

2. 工业构筑物

工业构筑物通常是指为工业生产服务的工程实体或者附属设施。人们往往不直接在工业构筑物内部进行生产活动,但其却是工业生产中不可或缺的生产要素。常见的工业构筑物有船坞码头、筒仓、水塔、吊车、烟囱、井架、栈桥、冷却塔等。本书中的"旧工业构筑物"主要指目前处于闲置或废弃状态的工业构筑物。

因工业生产各个流程以及工艺复杂情况的不同,工业构筑物的造型较为多样。如用于生产运输的管道、传送带等线性构筑物,具有储存功能的储气罐、水塔等筒状构筑物等,如图 1.2 所示。

(a)   (b)

(c)   (d)

图 1.2   工业构筑物造型的多样性

(a)唐山启新 1889 管道;(b)卡斯尔菲尔德高架桥;(c)维多利亚储气罐;(d)山西晋华纺织厂水塔

因工业生产需求的特殊性,工业构筑物内部构造以及外形也较为独特。如圆柱形筒仓、曲线形冷却塔、高耸的烟囱等,如图 1.3 所示。

(a)   (b)   (c)

图 1.3   工业构筑物造型的独特性

(a)筒仓;(b)冷却塔;(c)烟囱和锻造炉

1.1.2 分类方式

1. 按使用状况划分

根据使用状况的不同,旧工业构筑物可分为工业构架、工业设备和工业设施。工业构架指的是支撑大体量工业设备的构件,一般指用来辅助工艺流程的连续性支架。工业构架的突出特点是结构比较坚固,空间可以进行分隔,可塑性和可生长性很强。工业设备包括工业管道、焦化设备等机械设备。工业设备一般架在工业构架上,形状比较奇特,工业气息浓厚。工业构架和工业设备多以组合形式出现,共同展示工业文明,为展示工艺流线创造了条件。工业设施包含水塔、烟囱、堤坝等工业辅助设施,其形式相对独立。

2. 按平面形态划分

根据平面形态的不同,旧工业构筑物可分为点状旧工业构筑物、路径线状旧工业构筑物、区域面状旧工业构筑物。点状旧工业构筑物有筒仓、高塔、烟囱、蒸汽机等。路径线状旧工业构筑物有火车轨道、传送带、传输管道等。区域面状旧工业构筑物有烧结处、啤酒发酵群仓、焦化设备等。

3. 按独立性划分

根据独立性的不同,旧工业构筑物可分为环境中独立的构筑物和空间中的限定要素两种。

环境中独立的构筑物是指生产过程中有工艺性质、主要是工业流水线上某个环节的构筑物,比如水塔、烟囱、栈桥、筒仓、堤坝和蓄水池等。它们大多在厂区内以独立的形式存在,不能随意移动,并且可能因特殊的造型而成为区域的标志性构件。部分环境中独立的构筑物的内部空间很宽敞,在改造再利用时可以对空间进行重构,植入新的功能属性,拥有很强的改造性。

空间中的限定要素指的是特定的空间序列或交通组织中特殊的实体节点,比如防火墙(分隔空间)、楼梯(流水线)、操作平台、地道等。随着厂区生产功能的消失,其本来的工艺性质也随之消失,在改造再利用时很容易被忽视和拆除,但因为其与建筑和空间的联系密切,所以对其进行保留和改造利用的操作性更强。

4. 按行业类型划分

根据行业类型的不同,旧工业构筑物可分为交通运输类、工业生产类、仓储类、其他类等。交通运输类旧工业构筑物主要包括铁路轨道、栈桥、桥梁等。工业生产类旧工业构筑物主要包括煤矿、矿山、纺织类等。仓储类旧工业构筑物主要包括煤气罐、料仓、水塔、蓄水池等。

旧工业构筑物分类方式,如图 1.4 所示。

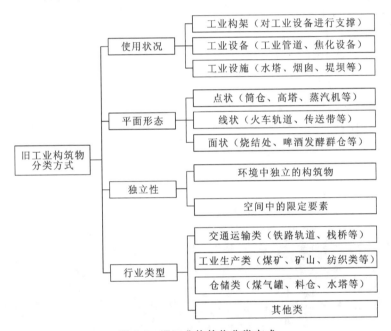

图 1.4　旧工业构筑物分类方式

1.1.3　基本特征

旧工业构筑物较旧工业建筑来说,功能更为单一,形象特点更明晰,例如烟囱、水塔、筒仓等在竖向空间上体现出高耸、大体量的特点;还有部分旧工业构筑物,因为工艺流程的复杂性,单一的生产设备无法支撑一个完整的工业活动,所以以组群的形式出现。这些都使得旧工业构筑物在特定的工业场景中具有明显的视觉焦点特征,往往能成为该工业场景中的象征性标记。

由于工艺流程的复杂性和特殊性，有一类构筑物对于人员进出具有较为严格的限制，从而在空间上具有较大的封闭性。还有一类开敞的构筑物则是实现整体工艺流程用以连接或支撑的大型支架，例如塔吊、输电架、钢铁架构等。但无论哪种类型，结构在旧工业构筑物中的表现都不断凸显。折板式的屋顶、暴露在外的桁架结构、连接处裸露的铆钉等，这些都是旧工业构筑物独特的历史印记，是工业美学特征在空间形态与结构造型上的真实反映，更好地体现了工业文明的特征。

工业产业类型的分化导致了工艺的多样性，也给旧工业构筑物带来多样的形态以及不同于一般建筑的尺度。以生产为目的的旧工业构筑物大都内部空间完整，在空间的可塑性上有着先天的优势。根据不同的再生利用要求，对旧工业构筑物内部空间既可完全保留，也可进行自由分割。但部分旧工业构筑物仅作为设备、设施等满足生产工艺要求，其与厂房相比往往可利用的面积较小；其外部空间也复杂多变，通常作为为生产服务的检视、维修的操作平台。

与工业建筑相比，旧工业构筑物在造型、空间、结构等方面有着明显的差异，具有较为丰富的再生利用可能性，如图 1.5 所示。

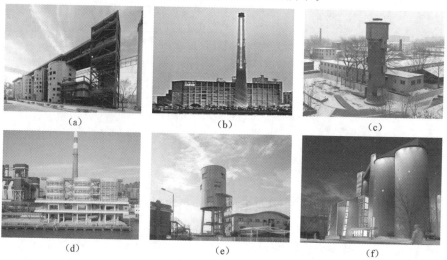

图 1.5　旧工业构筑物再生利用的丰富性

(a)首钢园西十筒仓；(b)烟囱"温度计"；(c)沈阳铁西水塔展廊；
(d)上海灰仓艺术馆；(e)英国伦敦水塔楼；(f)加拿大蒙特利尔 Allez-Up 攀岩健身房

1.2 再生利用基本内涵

1.2.1 基本理念

1.再生利用的概念

旧工业构筑物的再生利用是一种整体性的策略,是指对原有的构筑物进行加固、修缮、翻新和维护后,在可持续发展的基础上重新设计其使用功能,使其在保留原有文化内涵的同时焕发新的生机,从而延续生命力,营造良好的人居环境。

旧工业构筑物的生命分为结构生命和使用功能生命,结构生命是指构筑物的结构和围护体系等可以有效发挥作用的时间长度,使用功能生命是指构筑物因人们的生产、生活等活动而被赋予的某种用途。当旧工业构筑物不再用于工业生产活动时,意味着它的使用功能生命结束了。但是旧工业构筑物通常拥有较好的结构质量,所以其使用功能生命的结束并不意味着其结构生命也结束了。在保留这些旧工业构筑物部分原有结构、构件的基础上,对其重新进行设计和改造,赋予其新的使用功能,便是对其使用功能生命的再生。

上海曹杨铁路农贸综合市场,其前身为真如货运铁路支线,长度近1千米,宽度10~15米。2019年市场关停后这个空间在不到一年的时间被重新规划建设为一个全新的、多层级的、复合型的步行体验式社区公园绿地——曹杨百禧公园,如图1.6所示。曹杨百禧公园以"3K"通廊为概念,将艺术融入曹杨社区生活。设计师通过挖掘场地的历史文脉和构建独特的铁路空间场景,重塑街道绿网,形成"长藤结瓜"般南北贯穿的商业步行纽带,进一步拓展曹杨社区的有机更新。

2.再生利用的原则

对于旧工业构筑物的再生利用,需要在深入了解改造对象和城市发展需求的基础上,考虑社会、经济、文化等方面的效益,结合空间的多种要素进行统筹和设计。在对旧工业构筑物进行再生利用的过程中应遵循以下适应

（a）

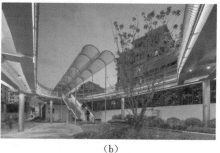
（b）

图 1.6　曹杨百禧公园

（a）整体；（b）局部

性原则。

1）空间适应性

由于生产类型、生产用途和生产规模等不同，旧工业构筑物的内部空间不尽相同，空间容量也有较大差异。对旧工业构筑物的再生利用应基于适应性原则，选用对空间尺度有相似要求的旧工业构筑物来进行功能置换。对于内部空间较小的旧工业构筑物，可将其再生设计为卫生间、楼梯等辅助功能空间，抑或是管道滑梯、书屋、小型工作室等创意空间。如北京798艺术区内后现代主义风格的公共卫生间，即对狭长的空间进行灵活运用以实现旧工业构筑物再生，如图1.7所示。对于内部空间较大的构筑物，利用大尺度的自由性，可将其设计为展览馆、博物馆、图书馆、儿童或老年人活动中心等展示或体验空间。如德国的奥伯豪森煤气罐展览馆，如图1.8所示。

（a）

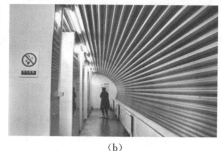
（b）

图 1.7　北京 798 艺术区公共卫生间

（a）外景；（b）内景

（a）   （b）

图 1.8 奥伯豪森煤气罐展览馆

(a)外景；(b)内景

2）结构安全适应性

工业构筑物按结构形式的不同，可以分为砖混结构工业构筑物、钢筋混凝土结构工业构筑物、钢结构工业构筑物或者混合结构工业构筑物等，如表1.1所示。结构形式的不同，造成了旧工业构筑物的物质构成、力学特性以及长期使用下损耗程度的差异，从而使得旧工业构筑物的再生策略也需考虑不同的方向，并且必须基于对构筑物结构形式、承载能力、损坏情况的充分了解。在确保安全性的基础上，对于历史价值高的承载结构支撑的构件进行原位加固，原状呈现；对于未能延续支撑作用的构件进行功能转换的易位利用；对于不能直接利用的构件可进行回炉重造，延续其工业质感和肌理。

表 1.1 工业构筑物按结构分类

砖混结构 工业构筑物	钢筋混凝土 结构工业构筑物	钢结构 工业构筑物	混合结构 工业构筑物
以砖块为墙体的 承重结构	用配有钢筋进行 增强的混凝土制成 的结构	由钢制成的结构 的整体或一部分	一般以砌体为竖 向承重结构，以其 他材料制成水平向 承重结构

3）环境适应性

城市的不断扩张和发展影响着工业地段的空间结构和区位优势,地段的环境质量、基础设施、交通状况等因素使得旧工业构筑物具备不同的商业、文化、景观价值,因此要选择与地段环境相适宜的功能定位。位于城市中心区域的工业构筑物有着便利的交通和较高的土地价值,可考虑与营利性商业项目结合,发挥优势,起到地段触媒的作用,如咖啡厅等;一些占据着城市的景观焦点、有完善的配套设施和文化资源的工业构筑物是市民的休闲活动场所,有较强的公共性,可再生为观景塔、博物馆等;生态景观的改造方式较适用于城市外围郊区的工业构筑物,可因地制宜地向公共游憩与纪念性旅游方向转型。

4）经济适应性

工业构筑物再生利用的投入产出比不尽相同,这与工业构筑物的自身状况、改造难易程度以及设计意图有着密不可分的关系。因此,在进行再生利用之前,要充分了解工业构筑物的历史、社会、生态、美学等价值情况,对其进行综合评估,选择与其相适应的再生模式。改造一旦成功,往往能获得较高的经济价值。例如比利时旧麦芽厂筒仓的改造,其位于安特卫普附近艾尔伯特河沿岸的一个工业地块,始建于19世纪,深具价值,被改造成现代混合用地。除了工作室、博物馆、办公空间以及地下停车场等用途,大部分地块改为住宅用途。该项目新增的住宅用途让现存的几个筒仓获得了一次华丽的转身。巧妙的改造和转化手法,满足了现代起居生活对舒适性及安全性的需求,改善了建筑体块在自然采光方面的缺陷,并与旧建筑形成一种有趣的对比,筒仓的外形和魅力都延续下来了,使得旧麦芽厂在实现转型的同时,也为当地创造了良好的经济效益,如图1.9所示。

3. 再生利用的意义

再生利用通过发掘原有构筑物的价值,赋予其全新的功能,激活其生机,使其继续焕发活力和发挥作用,并呈现出生态意识和人文情怀。同时,对原有结构物进行重复使用,减轻了新结构物对资源的消耗,更有利于环境保护和可持续发展。

（a） （b）

图 1.9　比利时旧麦芽厂筒仓再生利用

（a）外景；（b）内景

1.2.2　再生价值

1.技术价值

旧工业构筑物是工业遗产技术价值的重要载体。随着科技的发展和时代的进步，特定年代的工业构筑物记录了当时的技术创新与产业革新，其本身的结构和建造技术都是比较复杂和严谨的，体现了行业、建造等方面先进的生产力水平，在工业科技方面具有代表性。如北京国营 751 厂留存的 79 罐，如图 1.10 所示，是北京第一座低压湿式螺旋式大型煤气储罐，始建于 1979 年，直径 67 米，面积 3500 平方米，全部升起后高度可达 68 米，展现了当时的工艺和技术水平，同时反映了当时的工业建筑风格。该大型煤气储罐的再生利用，揭示了社会发展中工业流程及生产活动的延续与变革，体现了科学技术对工业发展所产生的重要影响，有助于提高科技发展水平，并启迪后人在技术方面进行绿色再创造。

旧工业构筑物再生利用的技术价值还包括在再生过程中所表现出的实用性和技术性，如废弃物"减量化"和"再利用"的技术措施，建造和拆除施工的绿色技术等，既对安全、投资、文化、生态和社会等方面起到推动作用，也在建筑材料、实施工程、流程设计等方面起到优化作用。可以说，再生利用的技术价值是一种社会性价值，其创造性地满足了社会对旧工业构筑物新的使用要求，表现出再次服务社会、满足大众需求的特性，如图 1.11、图 1.12 所示。

图 1.10　北京国营 751 厂 79 罐(现北京 751D · PARK79 罐)

图 1.11　筒仓群再生利用

图 1.12　烟囱再生利用

2. 经济价值

由于生产工艺的特殊性,旧工业构筑物空间形态和大小各异,例如常见的储藏仓库、冷却塔、船坞等,往往都具有特异的外形及完整的结构,这些可利用的空间和结构为旧工业构筑物的再生利用提供了多元化的选择。直接利用旧工业构筑物进行再生,不仅能够实现新生命周期中工业文化的延续和继承,还能在减少建筑垃圾和城市污染物的同时,减轻对城市交通和能源的消耗,节约投资成本,符合可持续发展的要求。

从城市区位和土地价值来看,很多旧工业构筑物所在区域是发展高附加值的现代文化创意产业以及高新技术行业的理想之地。将旧工业构筑物结合相应产业规划进行改造,可以激发地区活力,塑造地区文化特色,吸引更多游客参观或企业入驻,在创造二次收益的同时还能够促进地区产业结构转型,拉动当地新型产业的发展。北京 798 艺术区和 751 艺术区内的入口标志物、景观小品等均由废弃旧工业构筑物改造而成,在对整个场地景观系统起到完善作用的同时,也丰富了场地的文化底蕴,更对区域文化价值进行了保护与传承,提升了区域的品质和价值,如图1.13、图1.14所示。

图 1.13　北京 798 艺术区　　　　　　图 1.14　北京 751 艺术区

旧工业构筑物再生的经济价值还体现在增加就业岗位、缓解就业压力等方面。例如北京焦化厂工业遗址保护区聘用原厂失业职工做导游,就地安抚失业工人,对社会的稳定起到示范作用,同时解决了部分原厂失业职工的再就业问题。又如由成规模的旧工业构筑物改造而成的文化创意产业园,由于其建设资本较普通写字楼低,因此租金也较低,有利于鼓励刚毕业的大学生以及待业人群自行创业,增加社会税收。

旧工业构筑物再生,除了体现环保、低碳、节能等成长属性的特征,还可以形成相应的绿色品牌,以及打造各种形式的绿色商品,从而促进经济的发展,推动经济社会的协调与平衡。如图1.15所示,山西晋华纺织厂中的旧工业构筑物在重构后作为中国近代民族工业博物馆外部环境的重要组成部分,成为国人特别是青少年的爱国主义教育基地、红色旅游基地,国内外专家学者进行中国近代民族工业发展史、中国近代纺织工业史、中国工人运动史研究的研究基地,以及创意文化和影视文化基地,为山西晋中创造了巨大的经济效益。

3. 社会价值

旧工业构筑物的社会价值在于它见证了一段工业时期的兴盛及衰落,与工业生产、人民生活息息相关。每一座旧工业构筑物都是城市记忆的表达,为研究当时的工业生产和生活提供了不可多得的凭证。旧工业构筑物

(a) (b)

图 1.15 山西晋华纺织厂

(a)山西晋华纺织厂水塔;(b)山西晋华纺织厂内纺织机器

作为一种重要的集体记忆载体,蕴含了一代代产业工人的青春和理想,为工人集体提供了重要的身份认同,同时也是周边社区共同的历史记忆,具有较高的社会价值。对旧工业构筑物历史及社会价值的重塑,使得社区民众的情感纽带和公共认同感得以延续。

沈阳铁西区曾是中国主要的重工业基地,拥有大大小小的工业遗迹,其中随处可见的水塔似乎成了反映这一区域工业历史的独特印记,其中一座水塔被完好地保留下来作为原有工业历史的记忆片段,并期望能够在未来成为提供某种公共功能的场所,如图1.16、图1.17所示。构筑物空间能与人产生交流,人们因在自身所处场所中的共同经历而产生认同感和归属感。因此,对旧工业构筑物进行再生利用,使之在改善环境、恢复活力的同时维持原有的文化特色,保护现有社会生活方式的多样性,丰富现代城市的社会生活形态,有助于促进社会和谐、稳定地发展。

图 1.16 沈阳铁西水塔原貌　　　图 1.17 沈阳铁西水塔展廊

4. 生态价值

生态平衡、环境恢复、资源保护作为人类永恒的追求，需要一代又一代人的努力。以功能适用、经济节能、低碳环保、健康舒适为导向，对旧工业构筑物进行决策、实施及运营，成为旧工业构筑物再生利用项目全寿命周期内基本的要求。

在对旧工业构筑物进行再生利用前，要对其所处的厂区自然环境要素（包括大气、地形、土壤、水体、植被等）进行深入调查。依据恢复生态学等原理，首先恢复被污染的环境，其次促使厂区生态具备自我调和、自我恢复的能力，使人们的健康和生活不受影响，并且处于自然和安全的状态下。环境重构的目的是使得与生活、生产等相关的生态环境及自然资源处于良好状态或免受不可恢复的破坏。如德国鲁尔区在采矿开发过程中对城市的环境造成了严重的破坏，诱发了各类问题。通过长期的生态修复，从地貌、水体、植被和大气环境等多个方面进行治理，使其从一个封闭的工业区转变为向公众提供多重体验的旅游景区，如图 1.18 所示。

(a)　　　　　　　　　　　　　(b)

图 1.18　德国鲁尔区工业遗迹治理

(a)关税同盟(Zollverein)煤矿厂；(b)北杜伊斯堡景观公园

旧工业构筑物再生利用的生态理念强调构筑物的改造与自然环境相融合，彼此相互适应、相互作用。要针对旧工业构筑物不同的地域特色，进行适宜性环境改造。在改造时尽量减少对原有生态环境的破坏，促进旧工业构筑物对自然环境的积极作用。通过对旧工业构筑物生态环境的营造，改善旧工业区周边居民的生活条件及居住条件，达到人与自然和谐共生的目的。

5. 美学价值

旧工业构筑物不仅是工业文明的承载者,更是工业文明的见证者,体现了特定历史时期的风格特点、文化变迁和精神特质。无论是构筑物或是景观,无论是工具或是机器,都体现着当时的审美价值和工艺水平,给人们在有限的社会空间里带来无限美的享受。

旧工业构筑物本身的结构、空间、材料、色彩等都极具艺术表现力,通过不同形式体现了机械美学、现代主义风格、后现代主义风格的建筑美学特点,在城市区域中形成了特定的产业风貌,起到丰富城市景观的作用,成为城市特色识别性的标志,给生活在其周边的人们带来了认同感与归属感,如图 1.19 所示。

(a)   (b)

(c)   (d)

图 1.19　旧工业构筑物之美

(a)上海民生码头 8 万吨筒仓运输坡道;(b)江苏园博园先锋书店;

(c)混凝土结构筒仓;(d)芬兰筒仓公寓

1.2.3 基本模式

1. 办公模式

早期办公模式下的旧工业构筑物的代表实践案例以共享为目的,对空间进行整体的规划、整合,形成多元的运营模式。之后随着社会的发展,逐渐从类型单一到多元开放转变,从功能简单到复合多元升级,从形态粗犷到结构细腻更新,从表皮单调到形式多样转变。从空间规模来看,再生对象从利用空间较大的筒状料仓、冷却塔等构筑物慢慢延伸到水塔、船坞等空间规模较小的构筑物;从空间形态来看,再生对象逐渐从横向线状以及面状等容易进行空间划分的构筑物慢慢转移到通廊、栈桥等空间较为碎片化的构筑物。

旧工业构筑物具有丰富的形态,结合实际改造中空间和材料运用上的变化,可以使得建筑语义的表达充满各种可能性,以此打造出具有特色的办公空间,提升空间的品质与内涵。不同高度、体量和风格的旧工业构筑物绿色重构打破了外观上的均衡对称,显示出独特的视觉冲击力和张力。

巴黎 13 号筒仓(Silos 13)办公建筑紧邻环城公路,两个高耸的水泥柱为水泥制造的"仓库",通过一座较细的垂直电梯与下面的办公室连接。混凝土是其主要材料,如同城市雕塑一般将传统工业构筑物融入城市景观中,如图 1.20 所示。

(a)   (b)

图 1.20　巴黎 13 号筒仓办公建筑

(a)远景;(b)近景

2. 商业模式

我国现存的大部分旧工业构筑物都始建于20世纪,随着城市的发展,很多在当时比较偏僻的旧工业构筑物现在已经占据城市中较为重要的位置,其地理位置交通方便,商用价值很大。而且独特的构筑物形态可以打造独特的商业空间和设施,其与生俱来的工业文化和历史沉淀将为商业空间提供文化基础,能够更好地提升再利用后商业空间的经济价值和文化价值。

旧工业构筑物可再生利用为综合商场、书店、专卖店、超市、餐饮店、酒吧等商业设施。通过对旧工业构筑物进行商业化更新,能够快速、有效地将其与社会关系衔接并产生较高的社会价值,弥补经济缺口,将自身延续的社会影响力转化为全新的商业号召力。

上海朱家角老粮仓改建的咖啡馆,其空间的规划与设计都围绕着原来的6个储粮筒的基础造型展开,并融入了现代工业化的设计元素。从前下粮的设施也被保留下来,成为复古、典雅的"漏斗",如图1.21所示。

(a)   (b)   (c)

图1.21　上海朱家角老粮仓改建的咖啡馆

(a)远景;(b)近景;(c)内景

3. 居住模式

早在20世纪50年代,纽约苏荷区的艺术家们就将自己的居所搬到城市的工业废弃区域,创造了而后被人们称为"LOFT住宅"的生活空间,如图1.22所示。从此人们就开始了对工业遗存与居住功能结合的相关探索,这类结合源于对工业遗存的艺术魅力、经济价值及空间兼容性的考虑,后来逐渐由工业建筑拓展到工业构筑物。

(a) (b)

图 1.22　LOFT 住宅

(a)室内;(b)室外

　　部分旧工业构筑物拥有的几何化外形和大空间为其与居住功能结合提供了良好的基础。从空间上来看,旧工业构筑物可分为空间大跨型旧工业构筑物、空间常规型旧工业构筑物和空间特异型旧工业构筑物三类,其中具有跨度大、空间高敞等特征的旧工业构筑物都具备二次空间分割的可能。其内部结构支撑较为简洁,也适合在平面上根据需要增加墙体、隔断,灵活布置住宅功能空间。居住空间要求空间更为私密、尺度更为宜人。无论是住宅、酒店、公寓或者学生宿舍,都是以一个小的空间单元为母体的集合。考虑到居住空间的私密性特点和单元组合形式,冷却塔、立筒仓、水塔等构筑物更能与之匹配。

　　丹麦哥本哈根 Jægersborg 水塔重构项目将一水塔改造为混合用途建筑。其中位于上层的学生宿舍单元标示出了现有结构的外围,每一单元都通过突出的水晶状物体将日光引向室内,并提供周边景观一览无余的视野。水晶状物体与交流阳台都是适合人体尺度的,并且形成一层雕塑性元素,强调了水塔的地标特性,如图 1.23 所示。

　　对于一些外观形式非常单调的旧工业构筑物,也可以采用叠加更新的方式,即通过对构筑物立面进行新的表皮叠加,从而丰富外立面的视觉层次。常用的方式有肌理化叠加和透明化叠加。在居住模式下使用叠加的方式对旧工业构筑物进行再生利用韧性解构,不仅可以实现对外观的更新,还

（a）   （b）

图 1.23　丹麦哥本哈根 Jægersborg 水塔重构项目

(a)水塔居住单元排布；(b)水塔整体效果

可以通过对墙体添加保温材料、太阳能板等绿色能源设施，提高能源利用效率和环境适应能力。

4.文体模式

文体模式多数是将旧工业构筑物再生利用为主题博物馆、文化中心、体育馆等，即保留旧工业构筑物的核心样貌，通过植入新的文体功能激发其文化潜力，活化城市空间。与普通的博物馆相比，旧工业构筑物通常是一个城市、一个区域某种文化的物化表达，具有一定的历史性、代表性和纪念性，在造型方面具有辨识度。由旧工业构筑物改造而成的博物馆本身就是一件展品，双曲线形的冷却塔、成组排列的筒仓群、高大的烟囱和水塔，以及具有建构之美的炼铁高炉，都具有一定的区域标识性，并具有浓厚的人文价值，将工业文化展现得淋漓尽致，也更容易被游客熟知。

上海油罐艺术中心是全球为数不多的油罐空间改造案例之一。曾服务于上海龙华机场的一组废弃油罐，经由 OPEN 建筑事务所的改造，成为一个综合性的艺术中心。设计师最大限度地保留了工业痕迹和原始美感，只新增了一些圆形、胶囊形的舷窗和开洞，在植入丰富功能的同时保留了油罐罐体独特的形态，如图 1.24 所示。

德国卡尔卡尔奇境（Wunderland Kalkar）游乐园的前身是一座核电站，改造后变成一个游乐园。园内最具标志性的建筑就是前核电站的冷却塔，它的内部被改造成了秋千，外墙则被改造成了攀岩墙，如图 1.25 所示。

 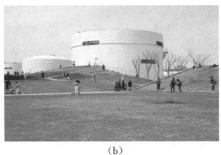

（a） （b）

图 1.24 上海油罐艺术中心

（a）远景；（b）近景

（a） （b）

图 1.25 德国卡尔卡尔奇境（Wunderland Kalkar）游乐园

（a）内景；（b）外景

5.景观模式

旧工业构筑物的再生利用不限于内部空间和外表皮，其内部所蕴含的工业元素的景观化再利用也十分重要。

旧工业构筑物的形态种类多样，独立的点状旧工业构筑物，例如烟囱、水塔、气体储罐、塔吊、输电塔等大型构筑物，因其特有的高度和体量而成为场地的制高点，同时也是视觉中心点；横向特征较为明显的过滤池、通廊、栈桥、铁轨等线状构筑物可以作为景观串联各个节点，从而营造良好的连续性与节奏感，或者再生为贯穿场地的步行体系、交通枢纽等，提供新鲜的参观游览路线和体验；碎片化的基础设备、工业平台、室内吊车梁等小型构筑物可以补充作为单元式的空间，不仅有鲜明的识别度，还能给游客留下深刻的印象。

　　中山岐江公园里的旧工业构筑物再生利用,对于城市景观塑造起到了很好的作用,为游客带来了较好的景观体验,如图1.26所示。琥珀水塔是在原工业构筑物外围包裹一层玻璃幕,内置灯光进行照明处理。晚上华灯初上,原来粗犷的工业构筑物宛如一件精美的琥珀,构筑物在玻璃幕中若隐若现,成为公园内的一大亮点。骨骼水塔是位于公园中间的另一座水塔,最初的设计是将一座废旧水塔剥去水泥后,剩下钢筋留在原处,但最初的设计由于原水塔结构的安全问题而没能实现,最终用钢材按原来的大小重新制作而成。

(a) 　　　　　　　　　　　　　　　　　(b)

图1.26　工业遗存形态上的再利用

(a)琥珀水塔;(b)骨骼水塔

　　综上所述,在城市更新和产业升级的背景下,越来越多的旧工业构筑物得到了保护和再生利用,被改建为艺术家工作室、零售商店、创意中心和办公室等。这种变化既改善了城市环境,还提高了城市的活力和吸引力,整体呈现出积极的趋势,但也存在一些问题需要解决。首先,由于历史原因和构筑物本身的局限性,有些旧工业构筑物的结构和功能难以适应现代社会的需求,对其进行再生利用存在较大的挑战。其次,一些项目的规划和设计缺乏创新性及前瞻性,无法充分发掘旧工业构筑物的潜力和价值,还出现一些再生项目投资过度、运营难以维持等问题。最后,保护和再生利用旧工业构筑物需要大量专业人才、政府和多方利益主体的参与。

1.3 韧性解构基本内涵

1.3.1 基本理念

1. 相关概念

1) 韧性

韧性理论经历了工程学、生态学和社会生态学的演进研究,结合"系统说""恢复能力说""扰动能力说""适应能力说"的主要观点,明确韧性是复杂系统的固有能力,该能力是一个能力的集合且具有一定的过程建设性。目前,"韧性"在各个领域有着不同的概念表述,如表 1.2 所示。

表 1.2 韧性在各个领域中的概念表述

生态领域	系统内部结构的持续性和系统承受外来因素干扰的能力
物理领域	物体受外力作用而产生形变,经过一段时间后可恢复到原来状态的一种特性
经济领域	如果两个经济变量存在函数关系,则因变量对自变量变化反应敏感程度可用韧性来表示
城市领域	城市系统遭遇危险时,通过抵抗、吸收、适应并及时从危险中恢复过来,使其所受影响减小的能力

韧性系统是与外界扰动相匹配的能力,即系统能够抵抗外界的干扰,具有恢复力、抗扰动力(维持力)和适应力,能够吸收控制、重组创新、主动适应变化,如图 1.27 所示。当处于常态(R_1)的系统受到外部扰动时,韧性使其能够有效抵御这些干扰的影响并通过良好的监测、合理的调整来控制并适应变化,在吸收外界干扰之后转型成一种更优越的状态(R_2),即系统内部的功能可以纾解所受到的外界冲击,并能够有效地达到某种动态平衡。这里的

动态平衡非指回到原始状态,而是系统内在功能的自我完善与运转。

韧性有 3 种本质属性,即系统能够承受一系列变化且仍然保持对功能与结构的控制力、系统有能力进行自组织、系统具有建立与促进学习自适应的能力。

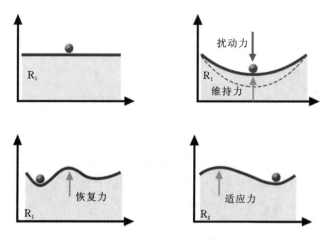

图 1.27　韧性能力图解

2) 解构

解构最早是一种哲学和文学分析的方法,主要源自法国哲学家雅克·德里达在 20 世纪 60 年代开始的理论研究。他从语言观念的分析入手,对传统哲学观念和文学理论进行质疑与颠覆,旨在揭示其内在的矛盾和问题,并寻求新的解读方式。通过解构,人们可以更深入地探究哲学和文学作品的内在意义及价值,并对其产生新的思考和认识。

解构不是一个固定的实体论点或立场,也不提供一个确定的答案或替代方案,而是鼓励批判性思维和多元化的视角,为人们提供一种新的理解和解释世界的方式,是一种适用于任何研究领域、理论或实践的思维方式。

3) 韧性解构

基于上述内容,笔者认为,"韧性解构"是一种整体性的分析策略和应对方法。它包含了维护、修缮、翻新、改造等多重内容,运用批判性思维和多元化的视角来对旧工业构筑物进行剖析,作出合理、客观的评价,使其拥有与外界扰动相匹配的系统能力,从而能够抵抗外界的干扰,具有恢复力、抗扰动力(维持力)和适应力,同时能够吸收控制、重组创新、主动适应变化。其核心思想在于在符合可持续发展的基础上赋予旧工业构筑物新的生命力,营造良好的人居环境。

　　2.基本特征

　　韧性在时空中需具备3个基本维度和4项基本特征,如图1.28所示。3个基本维度即空间内的自然环境、人工环境、社会系统。4项基本特征包括:在时间上,灾害来临之前,系统应该是有所准备的,即具有预备性(preparedness);灾害发生之时,系统应该具有鲁棒性(robustness),其中构件性能的冗余(redundancy)是实现鲁棒性的一种方式;灾害发生之后,系统应该是可以快速恢复的,即具有恢复性(restorability),且能够通过一次灾害而提高下一次应对灾害的能力,即具有适应性(adaptability)。

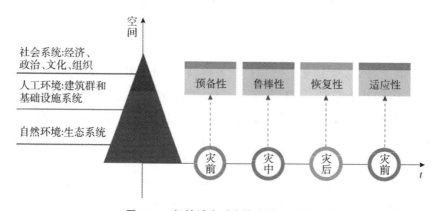

图 1.28　韧性城市时空维度的分解

1.3.2　主要原则

　　旧工业构筑物的再生不仅是个体的再利用,更是人居系统、生态系统等子系统自身价值的实现,其和区域环境构成一个有机的统一体,从整体上提高韧性。

1. 可持续发展的原则

旧工业构筑物再生利用的韧性强调不能只注重经济效益,还需要保持生态环境的合理性,保持风貌格局的整体性。尤其是旧工业构筑物承载着浓厚的历史文化底蕴,对其进行保护解构不是简单地让其免受损坏,而是要注重文脉的延续,让人们可以认识历史并感受历史。

2. 绿色生态的原则

通过合理设计,有效地运用绿色技术手段,在对旧工业构筑物进行再生设计时实现"四节一环保"的目的。绿色生态是韧性解构中一个宏观的全局规划,旨在实现区域建设与生态环境和谐共生。

3. 保护与发展相结合的原则

旧工业构筑物是城市文明进程最好的见证者,是居民生活的场所,是记忆的存储罐。因此要坚持保护与发展相结合的原则,既要满足时代发展的需求,又要尽量保持和利用其原貌,通过合理的改造设计展示城市文化的多样性。

4. 公众参与的原则

旧工业构筑物的再生利用是地方政府、设计单位、运维单位、环境管理部门、潜在外来商户、周围居民、潜在游客等利益相关主体博弈的结果,面对复杂的权属利益关系,要在规划设计和实际建设中广纳民意,协调各种矛盾,实现提升经济效益和社会效益的目标。

5. 整体规划的原则

韧性再生不仅要实现旧工业构筑物的再利用,还要通过合理的规划带动周边经济的发展,促进整个区域的复兴与繁荣。当遭受外部冲击和不确定性灾害时,调整自身发展模式,合理优化或解构空间布局,可以进一步提高自身的自组织能力和自愈能力。

1.3.3　目的和意义

1. 目的

1) 丰富韧性理论在旧工业构筑物方面的研究

目前对韧性的研究多以城市为研究对象,主要是由于城市作为以人工环境为主导的系统,其脆弱性更加显著,对旧工业构筑物韧性的研究相对薄弱。旧工业构筑物作为工业遗产中的一部分,是一个特殊的建(构)筑物子系统。因此将韧性理论用于旧工业构筑物再生利用的研究具有一定的适用性,拓展了旧工业构筑物的研究领域。

在以往研究中,多是基于韧性城市的研究领域,从社会韧性、工程韧性、经济韧性、生态韧性四个方面提出优化策略。本书在之前研究的基础上,尝试从"韧性"的本质属性特征出发,更多地关注旧工业构筑物要素作用的深层次特征,并提出以静态目标和动态过程相结合的适应性韧性规划方法,以此来完善旧工业构筑物的再生利用,在一定程度上丰富了旧工业构筑物的相关研究。

2)为传统旧工业构筑物再生利用研究提供新的思路

本书将韧性理论引入旧工业构筑物发展研究中,重点在于探讨旧工业构筑物的韧性特征,而非只是停留在对空间形态变迁的描述层面。本书强调基于现实情况,对旧工业构筑物的未来发展情景进行预测,以旧工业构筑物抗干扰能力、适应能力、转型能力培育为目标,将静态目标确定和动态规划过程相结合,形成一个更有利于空间自适应的系统。

2. 意义

新时代新征程,我国城市发展环境面临深刻、复杂的变化,城市处在快速发展和风险凸显并存的时期,不确定、难预料的因素增多。推进韧性城市建设和提升城市安全运行水平,具有重大现实意义和深远历史意义。韧性理论研究就是以综合、系统的视角,应对城市发展过程中出现的风险和挑战。而旧工业构筑物作为体现城市韧性的重要一环,也需要对其进行全面、系统的思考和研究。

1)防范化解城市重大风险挑战的需要

诺贝尔经济学奖获得者约瑟夫·斯蒂格利茨曾把中国的城市化和美国的高科技发展并称为影响21世纪人类社会发展进程的两件大事。新中国成立70多年来,特别是改革开放40多年来,我国经历了世界历史上规模最大、速度最快的城镇化进程。2022年末,我国常住人口城镇化率为65.22%,城镇常住人口达到92071万人;全国城市数量达到687个,建成区面积6.36万平方千米。历史经验表明,城镇化深入发展的关键时期,往往也是各种风险和挑战多发、并发的时期。"根据世界城镇化发展普遍规律,我国仍处于城镇化率30%～70%的快速发展区间,但延续过去传统粗放的城镇化模式,会带来产业升级缓慢、资源环境恶化、社会矛盾增多等诸多风险,可能落入中等收入陷阱,进而影响现代化进程。"随着城镇化进程明显加快,城市运行系统日益复杂,我国城市面临的安全威胁明显增多。

2)贯彻落实中央重大决策部署的需要

安全是城市运行的前提和基础,是城市可持续发展的必要条件;加强城市安全、提高城市韧性、有效防范化解各种重大风险,是城市治理工作的重要内容。韧性就是城市安全发展的新范式。党的十八大以来,以习近平同志为核心的党中央把防范化解重大风险、推进城市安全治理体系和能力建设、促进城市安全运行与和谐发展摆在更加突出的位置,把韧性城市建设列为重要议事日程并纳入党和国家重要政策文献,作为我国城市发展的重要目标。

北京在全国率先把韧性城市建设任务纳入城市总体规划(即2017年9月发布的《北京城市总体规划(2016年—2035年)》),其中明确提出"提高城市韧性"的要求。2021年10月,北京市委办公厅、市人民政府办公厅出台《关于加快推进韧性城市建设的指导意见》,要求"推进韧性城市建设制度化、规范化、标准化,全方位提升城市韧性,实现城市发展有空间、有余量、有弹性、有储备,形成全天候、系统性、现代化的城市安全保障体系"。不少城市在制定的国民经济和社会发展第十四个五年规划和2035年远景目标纲要中设置专篇或专章,就韧性城市建设作出部署安排。

1.4 旧工业构筑物再生利用韧性解构框架

1.4.1 影响要素

1. 外力荷载

作用在构筑物上的荷载可分为恒载(如自重等)和活载(如使用荷载

等),也可分为竖直荷载(如自重引起的荷载)和水平荷载(如风荷载等)。荷载的大小对结构的选材和构件的断面尺寸、形状影响很大。不同的结构类型又带来构造方法的变化。

2. 自然气候

风吹、日晒、雨淋、积雪、冰冻、地下水等因素都可能给旧工业构筑物带来破坏或影响,为保证其正常使用,应采取相应的防潮、防水、隔热、保温、隔蒸汽、防温度变形等构造措施,对旧工业构筑物再生利用产生积极影响。

3. 人为因素

在生产、生活的过程中,火灾、化学腐蚀、噪声等都会对构筑物造成影响。在进行构造设计时,必须针对各种可能的因素,采取相应的防火、防爆、防腐蚀等措施,这样当意外来临时,才能把损失降到最低。

4. 地震灾害

我国是地震多发国家之一,因此必须引起高度重视。在进行旧工业构筑物抗震设计时,应以各地区所定抗震设防烈度为依据,充分考虑构筑物水平荷载因素,遵照有关设计规范执行,把地震对构筑物的破坏程度降到最低。

5. 技术条件

随着建筑材料、结构、施工等方面技术的发展与变化,构筑物的构造也在改变。例如砖混结构、砖木结构、钢筋混凝土结构等都有明显的差异。构筑物的再生利用不能脱离自身的技术条件而进行。

6. 原有功能

旧工业构筑物的原有功能影响着其形态、体量、空间等,制约着再生利用时的设计内容,同时也为新的使用功能提供基础。

1.4.2 主要内容

1. 空间韧性解构

空间韧性解构是旧工业构筑物的再生利用之本,这一过程强调对既有空间的灵活适应和创新再利用。需对旧工业构筑物的空间现状进行全面评估,除了形态、大小,还应包括原始结构、材料以及历史价值等。再生利用时既要注重旧工业构筑物内部空间的功能转换与流线优化,还要关注其与周边环境的融合,通过景观、交通等元素提升整体空间的活力。此外,还可强调多个旧工业构筑物之间的联动与整合,形成更具规模与影响力的空间集群,并与周边区域的产业定位、功能布局等紧密结合,实现区域的整体提升与发展。

2. 结构韧性解构

结构韧性定义为工业构筑物在受到自然灾害、人为灾害等因素的影响下,维持和恢复原有结构功能的能力。在进行解构分析中可将其分为既有结构韧性解构、新增结构韧性解构、改造结构韧性解构及组合结构韧性解构四大类。从力学特性、结构承重方式等方面进行现状梳理,并通过加固加强、依附拓展、功能结构添加等方式提出优化策略。

3. 文化韧性解构

文化韧性是指文化结构受到冲击后,进行调整和优化,进而形成适应变化的新结构的能力。旧工业构筑物作为工业文明时期的产物,是工业文化的重要载体。旧工业构筑物文化韧性解构,是对旧工业构筑物所蕴含的文化价值(包括历史文化、工艺文化、绿色文化等)进行深层次挖掘并继承、传播,更要加以合理的利用,从而延续城市的历史文脉,推动区域的可持续发展。

4. 社会韧性解构

社会韧性是社会系统中的行动主体在风险压力下适应、转化、调整和重新构造社会系统的过程。社会韧性解构需要对旧工业构筑物包含的社会因素(例如政治、经济、生活等)进行分解,分析自然与人为风险对社会稳定性产生的影响,以及旧工业构筑物再生利用在区域发展、社会治理、经济产业和文化传承等方面的作用,加强旧工业构筑物在面对环境、经济和社会挑战时的自适应、恢复和预防能力,进而促进社会可持续发展。

5. 生态韧性解构

生态韧性为生态环境系统在应对压力和干扰时,能够维持构筑物及周边环境系统正常运转的抗干扰能力或产生动态变化从而达到平衡系统(旧平衡系统或新平衡系统)状态的适应能力,强调城市与自然环境的和谐共生。生态韧性解构是将旧工业构筑物中的生态要素(包括自然环境、资源能源、景观绿化、内部环境等)进行解构,再进行整体规划和资源再利用,实现生态系统的多样性,即生物群落和生境的丰富性,也提高生态安全和自组织能力。

1.4.3 解构框架

本书通过对旧工业构筑物、再生利用、韧性解构三个基本要素的分析和归纳,整理出旧工业构筑物再生利用韧性解构框架,如图 1.29 所示。

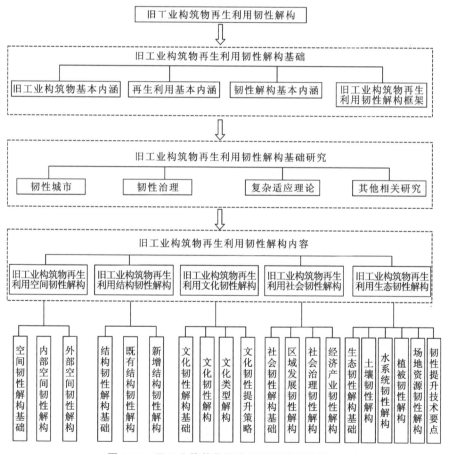

图 1.29 旧工业构筑物再生利用韧性解构框架

2

旧工业构筑物再生利用韧性解构基础研究

2.1 韧性城市

2.1.1 理论基础

1. 韧性城市的概念

"韧性"源于拉丁文"resilo"一词,表示"回弹"的意思。韧性的概念最初源自物理学,指的是物体柔软坚实、不易折断破裂的性质,是系统在受到伤害后能够快速恢复原有的状态并保持系统结构和功能的能力。韧性概念历经了工程韧性、生态韧性、演进韧性三个阶段的发展与完善。其中,工程韧性认为系统只有唯一的均衡稳定点;生态韧性认为系统具有多重均衡稳定性及跳跃的现象;演进韧性则意识到系统的复杂性,认为系统韧性不应该仅仅被视为系统对初始状态的一种恢复,而是复杂性系统为回应压力和限制条件而激发的一种变化、适应和改变能力。三种不同韧性观点的比较如表2.1所示。

表 2.1　三种不同韧性观点的比较

名称	学说	特点	目的	理论	特征
工程韧性	能力恢复说	单一稳态	恢复初始状态	工程思维	有序的、线性的
生态韧性	扰动说、系统说	两个或多个稳态	塑造新稳态,强调缓冲能力	生态学思维	复杂的、非线性的
演进韧性	适应能力说	抛弃了对平衡状态的追求	持续不断的适应、学习及创新能力	系统思维、适应性循环理论	混沌的

随着全球经济、社会飞速发展,城市化进程不断加快,城市规模越来越大,城市资源越来越紧张,多种自然灾害和人为灾害也在不断地增多,如何高效、合理地预防和应对灾难事件的发生,成为城市建设者和管理者最为关

注且最为棘手的问题之一。韧性城市的概念随之被提出,其核心内涵是指城市系统能够抵御外界的冲击,对抗各种风险与不确定性因素(包括经济危机、社会管理不善、环境破坏和自然灾害等),保持自身主要特征和功能不受明显影响,并具有一定自我修复功能的能力。更多研究人员开始注重对城市韧性系统多样性的维护,通过"生态韧性"学术研究关键词,将生态韧性、韧性、韧性城市等多个要素串联起来,如图 2.1 所示。

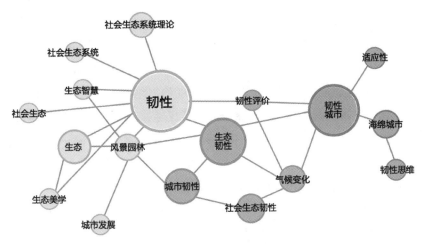

图 2.1 "生态韧性"学术研究关键词

2. 韧性城市的发展

2002 年,联合国可持续发展世界首脑会议首次把"韧性"概念应用于公共治理领域,将 2030 年构建有韧性的城市和人类居住区设置为联合国可持续发展的重要目标之一。2002 年,宜可城-地方可持续发展协会(ICLEI)将"韧性城市"定义为"对于危害能够及时抵御、吸收、快速适应并做出有效反应的城市"。2016 年,第三届联合国住房与可持续城市发展大会发布《新城市议程》,倡导将"城市的生态与韧性"作为《新城市议程》的核心内容之一,政府间气候变化专门委员会(IPCC)将"韧性"定义为"用于描述一个系统能够吸收干扰,同时维持同样基础结构、功能的能力和适应变化的能力"。

如今我国城镇化进入"下半程",城市在发展经济的同时经历着人口集聚、生态用地被侵占等一系列"城市化"问题,导致城市生态韧性水平空间的破坏,环境质量下降,可持续发展的进程受到阻碍。由此观之,大力推动韧性城市的建设对城市系统的提升起到了至关重要的作用。2020 年 10 月 29日,党的十九届五中全会审议通过《中共中央关于制定国民经济和社会发展第十四个五年规划和二○三五年远景目标的建议》,提出"增强城市防洪排涝能力,建设海绵城市、韧性城市。提高城市治理水平,加强特大城市治理中的风险防控"。

3. 韧性城市的特征

关于韧性城市的基本特征,不同的学者有不同的研究。Ahern 认为韧性城市特征应具备五个特点,即多功能性、生态和社会的多样性、冗余度和模块化特征、有适应能力的规划和设计、多尺度的网络联结性;Allan 和 Bryant提出了韧性城市应具备七个主要特征,即多样性、变化适应性、创新性、模块性、社会资本的储备、迅捷的反馈能力及生态系统服务能力;Marta 总结出韧性城市的五个最重要的特征为多样性、反馈的紧密性、创新性、模块化、社会凝聚力。总体来看,韧性城市系统应具备冗余性系统,还应具有模块化、多样性、联结性、高效性、灵活性、鲁棒性、适应性等特点。

1)冗余性

系统在一定程度上应预留额外的储备能力,一般以备用设施模块的形式出现,在时间上对冲击进行缓解,在空间上对潜在风险进行分担,减少扰动对系统造成的损失。总之,冗余性强调的是当系统局部受到冲击时,备用或额外储备部件可以进行补充,确保必要的功能,以防整个系统崩溃。

2)模块化

系统的组成部分采取标准化模块,在此前提下,即使某个模块发生故障,其余模块也可快速替换,减轻故障对系统的冲击。在城乡空间中,往往将标准化、可复制的空间重复性地布局在潜在冲击显著之处,如黄河滩区层层砌筑的各级防洪堤坝、堤坝临水一侧重复砌筑的丁坝,以及丁坝上备用的防汛石料。

3)多样性

多样性要求有三点:第一,城市功能应多元化,即城市系统应具有混合与叠加功能,单一化会导致要素间的联络受阻;第二,通过要素多元化形成的多种可能方式,应对来自外部的多种冲击,提升应对冲击的兼容特征,减轻扰动的冲击破坏;第三,在危机之下,社会组织和城市系统的多样性能提供更多信息,为解决问题提供更多思路。

4)联结性

城乡二元结构间应建立多种便捷的联系方式,如建立产品、资源、信息、客流联系通道。一方面,当城乡系统局部受到冲击时,通过快速调动系统内部资源,可以及时补充缺口。另一方面,为区域合作发展提供有效的物质、信息通道,实现系统部件间的相互扶持与协作。

5)高效性

面临外界冲击时,城乡系统应具备高效的调度和协调的能力,灾害发生后应具备快速响应能力。因此,在城乡系统管理中,应提前安排突发情况应急预案、人员和物资调动预案等,通过动态过程对风险进行提前预判,倡导扁平化的组织结构,进而提高应急指挥效率。

6)灵活性

对于城乡空间的各类潜在风险,应具备具体的应对策略,确保城乡空间在面对扰动时能做到有的放矢;对于城乡空间发展过程,应具有因地制宜的差异化特色发展路径;对于城乡建成环境与产业空间,应具有灵活可变的空间使用方式,这样在面对外部市场变化时可满足新需求。灵活性不仅强调因地制宜的物质空间环境的构建,还提倡社会机能的灵活组织,在从灾难中恢复的过程中,宜通过灵活的机制促进灾后恢复的能力。

7)鲁棒性

鲁棒性即坚固性,要求系统具备抵御一定程度的物理性破坏的能力。因此,系统必须具备足够强度的硬件设备设施,同时要明确硬件设备设施的强度阈值,以便在系统抵御冲击时能准确判断系统处境。

8)适应性

系统在应对外界冲击的全过程中,发挥学习能力,吸取教训,及时革新,促进系统进入新的平衡状态,为更加有效地应对未来类似冲击积累经验。

2.1.2　实践方式

1. 美国

影响美国最主要的自然灾害有地震、火灾、龙卷风等。据有关部门统计,美国城市每年因自然灾害而遭受伤亡的居民人数高达 2 万人以上,经济损失超过 120 亿美元。1871 年,随着芝加哥大火事件的发生,美国发现城市中面积较大的绿化开放空间对于火灾有一定的抵挡效果,因此在之后的城市规划建设中美国政府开始着重加强对城市绿地体系的规划建制,开始有意识地去增添绿色空间,以增强城市防灾避险能力并缓解高密度城区给城市带来的压力。

在芝加哥的杰克逊公园和华盛顿公园的设计中,设计者有意将 2 个公园进行连通,同时设置人工水池连接 2 个公园内的水系,在形成景观的同时又可抵挡火灾的蔓延,不仅可以在灾时起到疏导洪水的作用,还可以在平时收集道路雨水来灌溉植物,如图 2.2 所示。此种做法有效地提高了城市的防灾避险能力,并且为城市绿地系统的规划提供了全新的思路,在保护城市的同时增加了城市绿地的功能类型。此外,纽约曼哈顿中央公园(图 2.3)也建有大面积的绿地和水系,用来供游客参观,以及保护当地的生态系统。此种理念对其他国家的绿地系统规划产生了深刻影响,日本关东大地震后城市重建便是其中借鉴的典型例子。

图 2.2　杰克逊公园　　　　　　　图 2.3　纽约曼哈顿中央公园

2. 欧洲

早在 14—16 世纪,欧洲便发现了道路的防灾避险作用。1693 年意大利卡塔尼亚和 1755 年葡萄牙首都里斯本都发生过大型地震,灾后政府提出将原本曲折窄小的道路改造为笔直的大路,同时在道路两侧栽植植物,并在道路附近设置较大的开阔空间,整体形成体系化的防灾避险区域。德国侧重于从城市基础设施建设和相关规章条例出发,提高城市的防灾避险能力,消防、污水处理、交通管理等方面是其主要发力点。

英国地处欧洲西部,因其特殊的位置与气候条件,城市主要会遭受暴风雨、洪涝以及其他二次灾害的影响。1832 年,英国提出开辟公共绿地来提升城市环境,与此同时公共绿地首次被纳入英国城市防灾避险体系之中。随后的城市升级改造及相关法律条例也逐渐认识到城市绿地在城市防灾避险中的重要作用。原有的贵族私有大型公园也在相关条例下通过改造升级开始向公众开放,并成为具有一定防灾避险功能的场所。1953 年英国发生风暴潮,2007 年又遭遇了百年不遇的洪水,这些灾难让英国开始了相关法律规章体系的建立。此外在灾害来临前的准备期,英国政府会与此前选定的防灾避险场所相关管理负责人签订相关法律文件,确保灾害来临时应急避难场所由灾前的功能向灾时安全、合理、高效、灵活的需求进行转化。

法国地理位置的特殊性导致其灾害发生频繁。据统计,超过 80% 的法国城市都遭受过不同程度与强度的自然灾害。对此法国政府不断研究探索,在地震、重大气候灾害等方面专门设置研究机构,强调跨学科基础研究,同时利用政策工具对研究程度与深度进行加强。在 19 世纪中叶的"巴黎大改造"中,如图 2.4 所示,塞纳区长官奥斯曼提出建立一个城市的"呼吸"系统,着重强调城市绿地系统层次的建立。此举在有效改善巴黎城市环境的同时,对构建城市防灾避险体系起到了重要作用。

3. 日本

日本位于太平洋板块和欧亚板块挤压处,火山爆发、地震等灾害频发,因此日本政府对于防灾避险工作一直十分严谨。江户时期日本开始设置"火除地"作为灾时的防灾避险场地,即在构筑物两侧退出部分场地作为灾时预留地,而在平时这些场地主要作为休闲娱乐、集散场地,基本与现代公园绿地的功能相吻合。日本学术界发现城市中公园、广场等开放空间具有阻止火势蔓延的功能,甚至效果比人工灭火还要好,这为日本城市绿地防灾

图 2.4 奥斯曼"巴黎大改造"

避险提供了新思路。此后日本开始在城市内部规划防灾避险空间绿地,增加道路绿化带,同时提高构筑物的抗震能力,这也成为后来日本城市规划建设的重要标准之一。

2.2 韧性治理

2.2.1 理论基础

1. 韧性治理理论的概念

韧性治理理论是一种以适应变化为导向,把现实生活中的风险和危机当作创新和进步机会的新型治理理论。与传统的风险治理理论不同,韧性治理理论将风险看作是常态,强调适应力与恢复力,从已经发生的危机事件中总结经验,提升系统自身应对风险的能力。韧性治理理论中最核心的内容是关于韧性的客观评价,已有的体系主要从设施、综合、组织和系统四个方面构建韧性评价指标体系,包含量化评价模型、打分、问卷评价模型和混合评价模型。

在目前研究中多数学者将韧性视为应急能力的一种新的表现形式,有关韧性治理理论的研究虽然较多,但是尚未完全成型。学者较为认可的韧性治理理论定义为:倡导系统内不同公共治理主体以提升自身及其所在系统对于复合型灾害风险冲击的适应能力为目标,基于合作治理与组织学习机制建立的涵盖全灾种、全过程的灾害治理模式。韧性治理理论强调多主体的广泛参与和学习在灾害治理中的作用,对灾害的全过程进行常态化的协调治理。

2. 韧性治理的内涵

韧性治理的内涵包括适应力、稳健性、可恢复性、冗余性以及学习力五点,如图 2.5 所示。

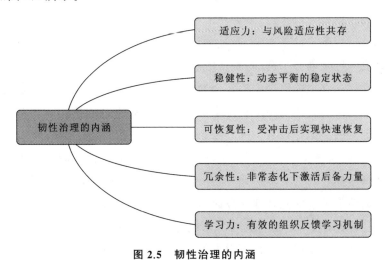

适应力:与风险适应性共存

稳健性:动态平衡的稳定状态

韧性治理的内涵

可恢复性:受冲击后实现快速恢复

冗余性:非常态化下激活后备力量

学习力:有效的组织反馈学习机制

图 2.5　韧性治理的内涵

适应力主要是指随着经济建设和社会发展的复杂程度不断增强,联动效应愈发突出,实现对各类风险的精准预测、防控及应对的难度更是呈几何倍数增长。韧性治理理论下的风险防控和风险治理一方面纠正了"人定胜天"的想法,即认为只要准备足够充分就能抵御或化解所有风险灾害的单纯想法,正确认识了风险的难以预见性,强调根据灾害风险发展的现实变化去主动适应风险,并克服了传统风险防控的被动性与滞后性特征,提出了风险防控措施前置的风险治理理念;另一方面修正了一劳永逸彻底战胜风险灾害的错误认知,正视并承认了风险的客观存在,认识到与风险长期共存的必然性与必要性,主张打造一个具备抗冲击力、强恢复力及学习能力等突出韧性特质的整体系统,能通过自组织和自我调适最大限度化解风险灾害,并实现自我恢复。

稳健性包括两个层面:一个是通过及时化解风险灾害冲击带来的不良影响,系统能从受损的波动状态中实现快速调整,整体状况较为缓和,并逐渐恢复至冲击前的初始状态;另一个是系统在受冲击后由于种种原因无法恢复至原有状态,则通过组织学习和优化重组等有效调适,各要素在恢复过程中实现发展与升级,系统由失衡逐渐迈向稳定,创造出新的平衡状态,并通过后期有效维护保持良好发展态势。不难看出,韧性治理追求的并非一成不变的永恒稳定,而是在急性冲击和慢性压力下,治理主体在梳理角色定位和调整行为逻辑的基础上,通过学习、调适和创新在原有稳定状态与新稳定状态之间实现动态平衡。

韧性理念在风险治理中的冗余性特征主要体现在后备力量为系统提供物质资源支持与整体功能维护两个层面。传统风险治理模式缺乏对于重复和多余部分的考虑与设置,一旦系统因受到冲击和扰动产生故障或功能受损,只能依赖整体重建和全面恢复,漫长的修复时间不仅可能导致风险影响范围和整体损失的进一步扩大,还有可能危及社会秩序稳定,进而爆发新的风险。韧性系统中的冗余性一方面体现在供应链条断裂后能有预备的物质资源进行补充,另一方面则表现为系统功能受损后能通过多余系统的及时应用或迅速修复实现功能的整体稳定和正常运作。在常态化状况下,冗余部分往往被闲置,在遭遇非常态状况时则被触发,通过及时反应、发挥作用、分散风险、提供备份,最大限度降低损失,发挥应急作用。

韧性治理的另一大特性在于强调提升组织和系统的学习能力,科学可行的经验与学习机制是确保系统韧性的必备环节,通过学习获得的经验应当输入从预判、监控到回应的所有系统环节中,使综合治理系统始终处于与环境相适应的新的恢复状态,进而确保系统韧性的持续有效。复杂的社会发展环境中潜藏着各类风险要素,单个风险要素的有意或无意引爆往往带来多个风险要素的意外叠加,这也意味着风险的基本类型、危害程度、影响范围更加难以预料,社区注定将面临从未有过的各类风险挑战。因此,从有限的风险防范治理行为中充分吸取教训、积累经验,通过学习将有效的治理理念、治理工具、治理手段进行"举一反三式"的科学推广与灵活运用显得尤为关键。在学习的基础上，在复杂多变的风险应对过程中根据风险防范和应对的现实需求实现治理方式和治理工具的创新，则是对韧性治理主体提出的更高要求。

3. 韧性治理的目标

韧性治理是关注系统的抗压水平和复原能力的治理方式，其主要目的不是使系统单纯地维持现状，而是想通过行之有效的治理手段来提升系统整体的抗风险能力、调节适应能力和自我修复能力。传统的防灾减灾与韧性治理理论下的应急管理模式主要有四方面的差异：一是应急视角，从各自剥离的元素到相互关联统筹，从分离独立系统到并联耦合系统；二是应急目标，从仅仅控制安全到通过不同功能实现控制，从工程学简单领域到多学科交叉的社科政经领域；三是应急体系，从被动应急到决策前移，从各自为战到协同联动；四是应急教育，从重点人群区域到全民深度参与，从被动学习到主动学习以达到智慧提升效果。

目前，韧性治理作为一种新的治理理念与方式逐步得到了学者的关注与认可，与其他治理方式不同的是，韧性治理更加强调应急管理的整个过程，尤其关注治理体系在受到风险灾害冲击时的有效防治及再生治理功能。

2.2.2　实践方式

1. 灾害应急韧性治理

韧性理论的常态化理念是对应急管理中非常态化视角的有效补充。应急管理针对的是非常态情况，韧性治理则强调与风险干扰共处，认为其通常难以预测且不可避免，甚至将其认为是发展的一部分，因而韧性治理包括常态下的准备、常态治理与非常态治理进行转换的识别、抵抗和维稳、非常态治理向常态治理的恢复、新常态的适应性转型等。这种在常态和非常态之间转换的能力，是韧性治理和一般应急管理的主要区别。因此韧性治理不是对单一事件的应急管理或事前风险管理，而是一种全周期管理，覆盖了"灾前、灾中、灾后"应急管理全流程。

韧性能力作用于应急管理的各个阶段。每一个干扰发展阶段，需明确相匹配的核心能力,即灾前的抵抗能力、灾时的稳定能力、灾后的恢复能力和适应能力,这些能力在每个阶段又有交织作用。韧性治理体现了一种动态的过程,其贯穿灾害周期的整个过程。每个阶段的韧性都是由几种能力交织来体现的,阶段间的连续性使得上一阶段的作用结果对下一阶段韧性的水平产生影响。因此,韧性治理注重发展的全面性,既强调物质层面,又强调社会层面的系统构建;既关注各种韧性能力的发展,又关注韧性能力之间的有效交织;既关注静态的韧性治理资源,又关注动态的韧性治理能力,具体对应关系如图 2.6 所示。

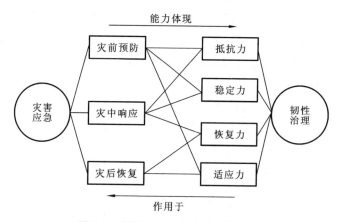

图 2.6　韧性治理与灾害应急关系图

2. 社会组织管理韧性治理

韧性治理中的组织主要指的是主动或被动参与应急管理进程各环节的多元治理主体间的组织方式、权力结构及主体关系等,涉及的主体包括各级党组织、政府派出机构、基层群众自治组织、社会组织、企业、公民等。韧性治理中的组织韧性体现在组织架构的整体稳定和功能健全,具备高度权威的领导机构和积极参与的社会主体,有强大的社会动员能力,居民之间团结和谐。面对风险时,网络中的各个主体能相互扶持、互助合作,在资源、信息、人员等方面主动共享;面对危机时,领导机构通过发挥强大的领导力、号召力、动员力,带领和发动治理网络中的其他主体充分发挥各自优势,通过多样化渠道和合法途径来实现治理,为实现有效的风险应对和从危机中尽快恢复而积极发挥集体力量。此外,居民个人也应具备应对各类突发事件和合理处置各种风险的基本知识和基础技能,当灾害发生时能理性应对,实现有效的自我保护并最大限度地减少损失。

3. 技术体系韧性治理

韧性治理中的技术韧性主要指基于物联网、云计算、大数据等科学技术的各类先进智能化设备和信息化数据管理系统在风险监测与预警、评估与分析、应对与处置、恢复与学习等各阶段、全流程的全面应用,用现代化高科技设备代替人工进行日常信息管理及灾害分析、损失估计、恢复预测,实现应急管理全过程数据收集、分析、处理与运用的高效化、集成性和一体化,既能为系统防灾减灾和风险防控过程实现高效、科学的决策提供可靠的技术支持,又能使治理网络中的多元主体通过数据交换和信息共享高效协同,共享技术治理成果。

4. 基础设施韧性治理

应急避难场所设置、应急储备物资、应急救援设备体系及其他工程层面防灾减灾的准备,既是实现有效风险防范和科学处置的物质基础,又是社区居民参与各项风险治理活动的基本前提,其设置与建设是城市系统韧性的重要组成部分。基础设施韧性主要体现在各类基础设施具备应对冲击的安全性能,并在日常使用和供应量之外设置冗余部分,能在系统面对各类不稳定扰动时提供物理庇护和设施支持。如果出现自然、人为等原因造成的损害,也能通过启用冗余储备或在短时间内维修恢复来保证其功能基本稳定。在设施分布空间上,遵守模块化、分散化布局的要求,保障设施在合理空间范围内的可获得性以及遭遇重大冲击时的"可替换性"。

2.3 复杂适应理论

2.3.1 理论基础

1. 复杂适应的内涵

现代系统科学经历了3个发展阶段,如图2.7所示。第三代系统论是圣菲研究所指导委员会主席之一约翰·霍兰德教授于1994年提出的复杂适应系统理论,随后我国学者钱学森提出了"开放的复杂巨系统"概念。该概念认为系统中的成员具备动态可变化的特性,能够与系统中其他成员相互作用,适应周围环境以及其他成员的特性,并持续改变自身的体系、构成等,最终演化为新的系统。

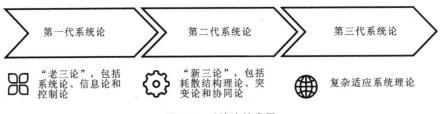

图 2.7　系统论的发展

2. 复杂适应的特征

在复杂适应系统中,任何适应性主体所处环境都由其他主体所构成,并受到其他主体之间相互作用的影响。复杂适应系统包含聚集、非线性、流、多样性、标识、内部模型和积木7个特点,其中前4个是特征,后3个是机制,如表2.2所示。

表 2.2　复杂适应系统的基本特点

序号	基本点	内容	关键词	注释
1	聚集	模型构建	聚类	根据研究的问题,忽略细节的差异,把相似之物聚成可重复使用的类,人为简化复杂系统
		基本特征	涌现	较为简单的主体聚集通过相互作用将涌现出复杂的大尺度行为,又进一步聚集为更高一级的主体。该过程重复几次,就得到了复杂适应系统(complex adaptive system,简称"CAS")典型的层次组织

序号	基本点	内容	关键词	注释
2	非线性	聚集行为	复杂	主体在相互作用中存在正反馈,导致随机涨落放大,使聚集行为总比人们求和或求平均方法预期的要复杂得多
		聚集反应	生成	主体之间的适应存在互为因果的双向生成性,使聚集反应无法找到一个统一、适用的聚集反应率
3	流	资源交换	变易	在 CAS 普遍存在着物质、能量和信息的交换,只要在某些节点上注入更多的资源,就能产生乘数效应,以反映变易适应性
		资源利用	循环	资源在主体间循环往复,提高了资源利用率
4	多样性	系统持存	填空	任何单个主体的持存都依赖于其他主体提供的环境。如果从系统中移走一个主体,作为"填空"的新主体将提供大部分失去的相互作用。主体的调整将提供新的相互作用的机会
		系统协调	繁荣	每一次新的适应,都能够开发新的可能性,进一步增强再循环的部分,使系统协调发展以更加繁荣
5	标识	认知方式	共性	标识允许主体在不易分辨的主体或目标中发现共性,并为筛选、特化和合作提供合理的基础
		认知反思	操纵	CAS 用标识操纵对称性,忽略某些细节,将注意力引向别处,使人们有意识或无意识地使用它们领悟事物,并构建模型

序号	基本点	内容	关键词	注释
6	内部模型	内部模型	转化	主体在收到的大量涌入的输入中挑选模式,然后将这些模式转化成内部结构的变化。通过无数次试验后得到主体的内部模型(本能等)
		模型机制	预知	再次遇到以上模式(或类似的模式)时,主体能够预知随之将发生的后果
7	积木	积木构造	元素	通过自然选择和学习,寻找那些已被检验过的能够再使用的元素。内部模型必须立足于有限的样本上
		积木使用	组合	面对恒新的事物,将其分解,通过重复使用积木(指以上可再使用的元素),人们获得经验,即使它们从不以完全相同的组合出现两次

本质上,复杂适应系统认为系统内的个体不是简单的、被动的、单向的关系,而是一种主动性的适应关系。历史上发生的相互关系,会对现在和未来产生影响。非线性特征是理解系统复杂性的重要基础。

2.3.2 实践方式

1. 城市评估中的应用

城市作为具有生命的复杂适应系统,具有系统的自组织和自适应性,将CAS分析概念框架运用到可持续城市形态研究也是可行的。从可持续城市形态的语境上分析,系统主体指各类形态要素(物质实体和非物质实体),其中人类是最重要的主体,对可持续性至关重要,体现以"人"为中心的发展观。

主体聚集体现为城市主体之间的结合关系和相互作用结果,是高一级系统主体形成的必要过程,不同主体聚集的程度决定了城市的规模和复杂程度,在可持续的角度上体现为形态要素的可持续性组织。城市非线性体现为人类思维和行为的非线性特征,由此形成的物理空间形态即城市也是非线性系统,预示着城市形态要素之间的复杂关系及交互联动。城市规模越大,非线性越为明显,复杂性越为突出,故分析隐藏在非线性复杂系统背后的内在规律就显得尤为重要。而对可持续城市形态来说,最重要的是分析其现有形态的非线性特征与理想城市形态非线性特征的差距。要素流为城市形态系统主体间的互动作用提供保障,事关系统的优化,包含物质、能量、信息、资金等资源流动,要素高效流动能促进系统主体的良好互动,利于城市活力的复兴。

2. 交通网络中的应用

聚集特征是交通网络复杂适应特征的重要体现。一方面,聚集是对交通站点或者交通站点地区进行分类处理,进而从不同类别去理解交通站点或者交通站点地区的现状发展特征;另一方面,聚集就是要挖掘出整个交通网络系统中的核心枢纽或者高等级节点,因为它们往往是整个复杂适应系统中的"介主体"。

流特征主要是结合复杂网络理论构建交通复杂网络模型,并利用复杂网络模型开展网络节点指标的计算以及节点之间联系的分析。流特征的分析有利于对交通网络中的节点属性和节点之间的关系特征进行解析。

标识机制是理解交通复杂适应系统中分类结果特征的重要处理机制。每一种站点地区的类别都应当有相对应的名称,从而为城市规划设计和管理人员认清事物内在发展规律提供科学的分析途径。内部模型就是要理解交通复杂适应系统内部的运行规律,主要包括交通复杂网络的拓扑结构、站点地区发展的内在影响机理等。

3. 社区韧性中的应用

社区面临着复杂多变的外部环境,有着具有聚集特征的适应性主体,各类资源要素处于不断的流动和变化之中,呈现出多样性、非线性等特征,且存在各种规则(即内部模型)、发展导向(即标识)、各类子系统(即积木)等机制,具备作为复杂适应系统的基本特征,具体对应关系如表 2.3 所示。作为复杂适应系统的社区,其韧性即是复杂适应系统适应外部环境变化并不断演化向着更高阶段发展的过程。

表 2.3　社区韧性解构与复杂适应理论的相适性

特点	复杂适应理论	社区韧性解构
理论基点	主体	社区个体、组织和功能区块等单个主体
系统特性	聚集	社区家庭、机构、社区等集聚体
	流	社区内物质、能量、信息、资金等资源流动
	非线性	社区主体思维和行为、要素流动等非线性
	多样性	社区主体、行为、要素等的复杂与多样
系统机制	内部模型	主体的关系结构、行为机制、经验习惯等
	标识	特定文化价值、意识形态、信仰、目标等
	积木	社区系统可拆分为子系统

　　以适应性主体为核心、以主体和外部环境的互动和适应过程为主要内容的复杂适应理论所强调的系统的"适应"与韧性社区中的"韧性"是高度契合的。以社区主体为能动基础、以资源为物质基础的社区韧性是主体、资源、环境等要素不断交互、彼此适应的复杂过程。韧性的实现不是简单的搭积木，也不应局限于机械的、静态的、片面的某一方面或某些方面能力的提高，应该在整体视野下把握社区发展的过程性、持续性和差异性，并在此基础上调动社区各主体的能动性，充分整合资源，适应外部环境变化，及时化解风险，不断促进社区的可持续发展。

2.4　其他相关理论

2.4.1　城市更新

　　城市更新的研究和实践随着城市的发展和变革在不断发展，更新与重构是当下实现城市绿色发展、韧性发展、可持续发展的主要途径。第二次世界大战后，西方国家开始了城市更新的历程，并经历了不同的发展阶段，如表 2.4 所示。

表 2.4　西方国家城市更新发展阶段

阶段	20 世纪 50 年代	20 世纪 60 年代	20 世纪 70 年代	20 世纪 80 年代	20 世纪 90 年代	21 世纪初
政策类型	城市重建	城市更新	城市开发	城市再开发	城市复兴	衰退下的再生
主要方向	依据总体规划对旧区进行重建和拓展，郊区增长	对前十年的延续：郊区和城市周边增长；开始对恢复的尝试	集中推进就地改造和住区类项目改造，延续对城市边缘地区的开发	许多大规模开发和在开发项目；示范项目；城外开发	政策和实践均注重综合性，强调整体、和谐的手段	整体收缩，开发行为在局部地区放松限制
关键参与者	国家、地方政府，私人开发商和承包商	公共与私人角色愈加平衡	私人作用增强，地方政府分权	以私人和政府专职机构为主，社会合伙人增加	合伙人机制成为主导方式，政府专职机构数量增加	更强调私人资金和公益角色
空间层次	局限在地方和场地	区域层次的开发开始出现（大尺度）	区域和地区并举，后期更强调地方层面	早期强调场地，后期扩展到地方（小至中尺度）	重新引入战略视角，区域层次的关怀增加（超大尺度）	早期以地方为主，带有部分区域层次开发
资金来源	公共部门投资和一定程度的私人投资	同前，但私人投资加大	公共资源被约束，私人投资继续增大	私人资金主导，部分公共资金投入	公共、私人和公益资金相对平衡	私人资金主导，部分政府资金投入

阶段	20 世纪 50 年代	20 世纪 60 年代	20 世纪 70 年代	20 世纪 80 年代	20 世纪 90 年代	21 世纪初
社会目标	改善住宅和居住标准	改善社会福利	社区的自发性和自主性不断提高	国家优先资助下的社区自助	社区规划、邻里自由,强调社区的角色和作用	强调地方自主,鼓励第三方参与
空间侧重	内城拆建,城周开发	同前,亦有对已建成地区的修复建设	老城区大规模改造	大规模拆除重建,推广旗舰项目	较 20 世纪 80 年代更注重遗产保护和延续	以更小尺度的开发换取更大的回报
环境手段	打造景观,增加绿化	选择性改善	有一定创新的环境改善	要求更多元的环境手段	在可持续发展的语境中解读环境	对可持续发展普遍认同

进入 21 世纪后,城市更新快速发展,但某些特定的区域限制整体开发,追求以可持续发展理念进行城市更新,管制特点由自上而下逐渐扩充为自上而下与自下而上并举,将目光重新投向公民层面,使公民和社区力量成为国家繁荣、安定的重要支撑;目标关注点从最初的物质环境改善、城市形象提升和经济利益回报逐渐转移到城市生活质量的提高、居民生活品质的优化和城市文脉的延续,以人为本的理念得到重视和强调。

我国城市更新自 1949 年发展至今,在积极推进城镇化的过程中,其内涵日益丰富,外延不断拓展。由于不同时期发展背景、面临的问题、更新动力以及更新制度的差异,城市更新的目标、内容以及采取的更新方式、政策、措施亦相应发生变化,呈现出不同的阶段特征,如表 2.5 所示。

表 2.5　国内城市更新发展历程

阶段	时间段		背景	思路	内容	手段
狭义、滞缓更新	1949—2000 年	1949—1978 年	新中国成立初期，旧城迫切需要通过更新重获生机	局部的、小规模的渐进式危房整修（重建、新建）	为工业建设配套服务设施，在工厂周边配套建设工人住宅区	充分利用，逐步改造，填空补实，加强维修
		1979—1990 年	改革开放使得城市化进程加快，旧城区脏、乱、差的问题日渐突出，城市居民住房愈加短缺	以城市结构调整和旧城再开发为主	福利集体住房建设（翻新与再开发）	"拆一建多"，老城区大规模翻新
		1990—2000 年	社会主义市场经济逐渐完善确立	以房地产开发为主的城市规模开发及更新建设	以房地产开发为主进行区域开发和旧城改造	重经济收益，轻历史保护与公众意愿
广义、快速更新	2000—2013 年		市场机制推动下的城市更新实践探索与创新	物质层面向精神层面转变	引进市场参与机制，实施土地市场化改革	重塑空间，兼顾城市经济与社会发展，同时保留人文底蕴等

阶段	时间段	背景	思路	内容	手段
局部、优化更新	2013—2019年	十八大召开,"五位一体"总体战略确立,生态文明思想贯彻落实	可持续发展理念	各市出台更新政策,成立更新部门	整体环境优化,城市文化与有机更新和谐共生
高质量、可持续更新	2019年至今	产业的转型和升级使得多种区域需要合理地进行更新	城市"微更新"和"有机更新"	棚户区改造、老旧小区改造	基层参与,注重城市更新的经济、社会、生态等效益相结合

2021年"十四五"规划明确提出实施城市更新行动,准确研判了我国城市发展的新形势,对进一步提升城市发展质量作出重大决策部署。我国已经步入城镇化较快发展的中后期,不仅要解决城镇化过程中的问题,还要更加注重解决城市发展本身的问题,城市更新是推动城市高质量发展的必然选择,应成为未来我国城市发展的新常态。我国四大一线城市的城市更新政策和机制不断优化,图2.8为"十四五"期间我国四大一线城市有关更新的政策法规。

北京	2021年8月《北京市城市更新行动计划(2021—2025年)》 2021年8月《北京市"十四五"时期老旧小区改造规划》
上海	2020年2月《上海市旧住房综合改造管理办法》 2021年8月《上海市城市更新条例》
广州	2021年4月《广州市老旧小区改造工作实施方案》 2021年7月《广州市城市更新条例(征求意见稿)》
深圳	2021年3月《深圳经济特区城市更新条例》

图 2.8　城市更新相关政策法规

综上所述,国内外城市更新的内涵不断发展,从早期单纯的"物质空间的必要改善"逐步发展为"为实现经济、社会、空间、环境等改善目标而采取的综合行动",更新内容从"物质"扩展到"社会",空间范围从"社区"扩展到"区域",参与主体从"政府"扩展到"市场"。

2.4.2　可持续发展

工业革命以来,由于生产力的快速发展和科学技术的迅速进步,人类对自然资源的需求不断提高,排放的污染物不断增加,导致自然环境遭到严重破坏,经济社会发展与环境、资源的矛盾日益突出,这些不良影响促使人类去反思自身行径,去探索新的发展模式,可持续发展理论正是在这样的大背景下逐步形成的。人类活动对自然环境的破坏如图2.9所示。

（a）　　　　　　　　　　　　　　　（b）

图 2.9　人类活动对自然环境的破坏

（a）人类活动对空气的污染；（b）人类活动对水的污染

可持续发展理论起源于人们对环境、资源问题的反思和关注。1962 年,美国海洋生物学家蕾切尔·卡逊在其著作《寂静的春天》中揭示了农药、化肥对人类环境的破坏,引发了人们关于发展观念的争论。1972 年,丹尼斯·梅多斯等人在长篇报告《增长的极限》中利用系统动力学方法就人类社会发展的困境建立了世界模型,探索了人们关切的 5 种发展趋势,即加速工业化、普遍的营养不良、快速的人口增长、恶化的环境以及不可再生资源的耗尽,并得出人口和资本的快速增长最终将导致人类社会"灾难性崩溃"的结论。1980 年,《世界保护战略:可持续发展的生命资源保护》发布,首次提出可持续发展的概念,指出可持续发展必须考虑社会、生态以及经济因素,必须考虑生物与非生物的资源基础,必须考虑长期发展和短期发展的优劣。1987年,联合国成立的组织世界环境与发展委员会在《我们共同的未来》报告中正式提出了可持续发展的概念和模式。1992年,联合国环境与发展大会通过了《21世纪议程》,该议程明确地把发展与环境密切联系在一起,由此可持续发展走出理论探索阶段,从环境保护、资源管理、科学技术等方面提出了可持续发展的战略和行动。至此,可持续发展理论成为全世界范围内共同认可的发展理念,各国纷纷开展相关研究。可持续发展理论的核心主要包括 5 个方面,如表 2.6 所示。

表 2.6　可持续发展理论的核心体现

核心体现	具体内容
共同发展	从系统的角度出发,地球系统包含各个国家系统,国家系统包括各个区域系统,区域系统包括各个产业系统。系统的整体性决定了系统内部各个子系统相互联系并发生作用,如果一个子系统发生问题,会直接或者间接影响到其他子系统甚至导致整个系统发生紊乱。因此,可持续发展追求的是各个国家、地区级产业之间的整体和协调发展,即共同发展
协调发展	协调发展包含三个层面:第一,经济系统、社会系统、环境系统之间的协调发展;第二,世界、国家和地区三个空间层面的协调发展;第三,人口、经济、社会、环境与资源之间的协调发展
公平发展	公平发展有两个维度的含义:首先是时间维度上的公平发展,也就是当代人的发展不能以损害后代人的发展为代价;其次是空间维度上的公平发展,即某个国家或地区的发展不能以损害其他国家或地区的发展为代价
高效发展	高效发展就是要注重发展的效率,可持续发展的效率既涵盖经济意义上的效率,又包括自然资源与环境的损益。因此,可持续发展理论下的高效发展是指经济、社会、人口、资源、环境等多种因素协调下的发展

核心体现	具体内容
多维发展	不同的国家或地区的发展水平、政治体制、文化背景、资源环境等条件不同,因此,在制定和实施可持续发展战略时,各国或各地区应该从本国或本地区的实际情况出发,走符合本国或本地区实际的、多样性的、多模式的可持续发展道路

2.4.3　组织韧性

"组织韧性"的概念源自管理学家梅耶的一篇文章,其文章研究了面对突如其来的医生罢工事件时医院应该如何应对,同时用"组织韧性"这个词来指出组织应对危机或干扰而恢复先前秩序的能力。如果某个组织在经历任何中断和干扰之后,还存在业务能够连续、组织能够继续运行的关键能力,则可以认定该组织是具有韧性的组织。后来,学者们从前提条件、能力、过程、后果等角度刻画、描述和界定组织韧性的内涵,使得组织韧性从最初的保护组织免受威胁并从危机中恢复到稳定状态的简单概念得到了拓展。

对于组织韧性的概念界定,相关研究一直在不断地总结、归纳、提升,但还未形成统一的、标准化的内涵。目前,对于组织韧性的概念主要有两种观点,即静态观点和动态观点;对于组织韧性概念的研究主要有"能力、过程、特质、结果"四种视角,主要体现组织在危机预测、危机避免、危机调整及应对环境冲击方面的潜在能力,组织提前应对动态和突发事件的能力,系统在颠覆性冲击下持续运营的能力,组织承载冲击并从中复原的能力,研究者们普遍认为组织韧性是组织能有效应对或管理不确定环境、风险的能力。

此外,由于组织韧性中潜在的对于人的影响不可忽视,因此现有研究对于软设施系统的关注也逐渐增加。软设施系统经常被看作是弥补硬设施系统的手段之一,充当设备、环境等条件要素的"润滑剂",是维持经济、文化、社会等正常运行的关键条件,也是提升组织韧性的关键要素。

2.4.4　智慧城市

早在20世纪90年代初,钱学森先生便前瞻性地提出"大成智慧学"理论,高度关注了人在科技发展中的决定性作用,强调"人机结合、人网结合、以人为主",提出"集大成、成智慧"。

智慧城市有着狭义和广义的概念界定。狭义的智慧城市是指基于物联网,通过物化、互联和智能的方式使城市的各项功能相互协调。本质是通过更彻底的感知,更广泛的联系,更集中、深入的计算,为城市肌理植入智慧基因。广义的智慧城市是一种对新的城市形式的认知、学习、成长、创新、决策、监管能力和行为意识,是指以"发展科学化、管理效率化、社会和谐化、生活美好化"作为目标,基于自上而下、有组织的信息网络系统,使整个城市有一个相对完整的感知。基于大数据的智慧城市具有更复杂的概念界定,由最初的数字城市发展而来,存在于网络空间中,是物质城市现实生活的数字表示。

当前,智慧城市建设强调系统性,旨在通过数据整合和大数据分析技术,以系统工程模式预测和适应未来城市的需求变化。鼓励城市多元主体参与智慧城市建设,以多元主体的技术需求促进多元智慧行业的融合发展,以人为核心,通过大数据和人工智能与城市设施的融合发展,为城市未来应对潜在风险和不确定性预留"冗余"空间。

2.4.5　安全韧性

联合国国际减灾战略署(UNISDR)将"安全韧性"定义为暴露于灾害下的系统、社区或社会,为了达到并维持一个可接受的运行水平而进行抵御或发生改变的能力。安全韧性是将安全系统理论与韧性理论相结合,研究系统面对风险扰动或冲击时,不断调整和适应,最终恢复安全状态的能力。安全韧性突出体现以下4大特性:

① 系统在面对风险时尽可能维持安全状态的抵抗能力;

② 系统在面对风险过程中为减少风险损失而具有的应对能力;

③ 在风险发生后系统重回安全状态的恢复能力;

④ 通过回顾学习,系统提高对风险的适应能力。

安全韧性关注系统在短时间内恢复安全状态的效率和效果,并通过事后回顾学习,避免同类风险或事故发生,对安全管理起到优化作用。安全韧性变化主要包括 4 个连续循环阶段,即抵抗、应对、恢复、适应,如图 2.10 所示。相较以预防为主的传统风险管理,以安全韧性为核心的管理更关注系统在事故发生全过程的变化,即事前的"抵抗"、事中的"应对"、事后的"恢复"及回溯阶段的"适应",更尊重系统的演变规律与发展特征,是安全管理的最终目标。

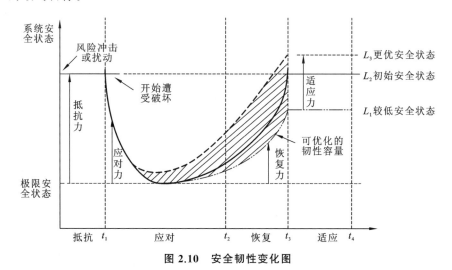

图 2.10 安全韧性变化图

3

旧工业构筑物再生利用空间
韧性解构

3.1 空间韧性解构基础

3.1.1 空间韧性内涵

空间韧性主要侧重于空间维度方面的韧性研究。2001年,奈斯特龙和福尔克在研究珊瑚礁时首次提出空间韧性的概念,后来这一概念逐渐被引入城市防灾减灾研究领域,以及既有建构筑空间再生利用中。

空间韧性的概念指出了一种旧工业构筑物在不拆除或不重建的情况下,利用调整空间结构等方式适应多变需求的方法,通过充分发挥旧工业构筑物的空间特性,创造更加灵活开放的空间布局和内部结构,使得旧工业构筑物能够转化为适用于多种场景、功能完善的现代化空间,为城市提供全新的使用价值,创造出更加富有生命力的新空间。为了实现以保护具有一定历史价值的旧工业构筑物,并致力于增加其适应性、可持续性为目标的设计理念,常见的再生方式有内部空间再利用、外部空间延伸、腔体植入等。旧工业构筑物空间韧性解构遵循的主要原则如表3.1所示。

表 3.1　旧工业构筑物空间韧性解构的主要原则

原则	历史保护	质造共存	差异化转置	时空透视	互动组织	技术媒介	精神回应
目的	尊重旧工业构筑物的历史背景和文化意义	使旧工业构筑物具备新的活力和可能	创造全新的、多功能的、缤纷的空间体验	从时间和空间的跨度获得更丰富的展示效果	建立开放、平等、多样化的组织形式	人机之间的互动增强智能化和可持续性	丰富新旧工业构筑物的人文内涵

1. 历史保护

将旧工业构筑物视为一种有价值的资源,并尊重其历史背景和文化意义。通过适度的修缮、改造和更新,尽可能保存旧工业构筑物本体的原貌特征和历史记忆。这样不仅有助于保护文化遗产,还可以满足人们对历史、文化和情感的需求。

2. 质造共存

尊重旧工业构筑物的基本品质,同时加强其动态可变性、复合性和互联性,并且有针对性地进行分区和功能安排以更好地适应不同的使用场景,从而增加旧工业构筑物的通用性和适应性。

3. 差异化转置

在更好地了解当前时代生活的基础上,改变旧工业构筑物传统、单一的功能空间,根据实际需要充分考虑管理和使用的灵活性,创造全新的、多功能的、缤纷的空间体验。

4. 时空透视

以人为本,注重功能和情感的匹配,从时间和空间的跨度中获得更丰富的旧工业构筑物展示效果。

5. 互动组织

将旧工业构筑物与公共空间相结合,整合社交、文化和活动空间等元素,建立开放、平等、多样化的组织形式。

6. 技术媒介

借助科技手段实现旧工业构筑物与环境的对接,通过人机之间的互动增强构筑物的智能化和可持续性。

7. 精神回应

将历史的精神价值和留存下来的人文风貌转换至新工业构筑物或构筑物群体中,丰富新旧工业构筑物的人文内涵。

以上是旧工业构筑物空间韧性解构的基本原则,可以根据不同的项目和场景进行变换和组合,以获得更好的空间效果。

3.1.2 空间韧性特征

旧工业构筑物空间韧性的主要特征如表3.2所示。

表 3.2 旧工业构筑物空间韧性的主要特征

内涵	可适应性	可塑性	可持续性
表现	尽量满足多样化的使用需求	面对非预期性风险时及时做出相应调整	充分考虑社会和经济可持续的因素

1. 可适应性

旧工业构筑物需要具备很高的可适应性,通过合理的空间设计和平衡利用,尽量满足多样化的使用需求,并为未来的改变和调整做好准备。同时,在保证空间功能的前提下,也需要尽可能地挖掘和保留原有的文化、历史和艺术价值。

2. 可塑性

可塑性是指旧工业构筑物的空间具有一定的弹性和可塑造性,能够在面临灾害、市场变化以及社会环境变革等非预期性风险时及时做出相应调整。这种可塑性不仅体现在构筑物本身,还包括周边环境和城市空间的互动关系。

3. 可持续性

旧工业构筑物再生利用需要考虑环保、节能、资源回收和运营成本等因素,致力于保持长期的可持续性。同时,也需要充分考虑社会和经济可持续的因素,以便在利益分配上能够一定程度地满足不同群体的需求。

3.1.3 空间韧性解构意义

空间韧性解构是韧性设计理念和手法的支撑,对于达到历史保护、城市更新和可持续发展等目的具有重要意义,如表 3.3 所示。

表 3.3 空间韧性解构意义

意 义	保护历史遗产	增加城市活力	节约资源	提高空间品质	推动可持续发展
形式	改变过去拆除旧工业构筑物的传统做法	将旧工业构筑物转变为多功能、多元化的城市意象	重新利用现有旧工业构筑物	结合历史、文化及环境特点设计	减少构筑物废弃物排放

1. 保护历史遗产

强调保存历史构筑物和文化遗产,改变过去拆除旧工业构筑物的传统做法,避免资源和文化遗产的浪费及损失。

2. 增加城市活力

利用旧工业构筑物空间的可适应性和可塑性,将其转变为多功能、多元化的城市意象,丰富城市景观和活力。

3. 节约资源

通过对现有旧工业构筑物的重新利用,减少了大规模的拆建,节约了很多资源和能源,降低了城市化进程对环境的影响。

4. 提高空间品质

在满足人们生活需求的同时,结合历史、文化及环境特点进行设计,以获得更好的空间品质,并为人们提供更多的舒适与美感。

5. 推动可持续发展

通过减少构筑物废弃物排放等措施,促进旧工业构筑物和城市的可持续发展,符合能源、环保等关键领域的可持续发展目标。

综上所述,旧工业构筑物空间韧性解构有助于实现城市建设和文化传承的多重目标,对过去、现在和未来都具有深远的意义。

3.2　内部空间韧性解构

3.2.1　现状梳理

1. 内部空间的内涵

旧工业构筑物内部空间是指具有代表性的旧工业构筑物(例如烟囱、水塔、冷却塔、变电站、栈桥、筒仓等)内部的空间。这些空间在过去具有生产、仓储、管理等功能,如今则逐渐转变为具有多种用途的公共空间,例如文化、艺术等领域的展示、交流和活动场地,内涵丰富、风格独特的空间向人们传达出历史与文化的信息,成为城市更新和再利用的重要资源之一。

2. 内部空间的分类

旧工业构筑物内部空间的分类可以根据不同的标准进行,以下为几种常见的分类方法。

① 按功能划分:可以分为贮藏、支撑、冷却、观赏等不同类型的空间。

② 按使用者划分:可以分为公共空间和私人空间两种类型。公共空间通常面向市民和游客开放,比如广场、公园里的观赏型构筑物等;而私人空间则供企业、机构或个人专用,比如企业内部的筒仓等。

③ 按形式划分:可以分为平面空间和立体空间两种类型。平面空间主要以地面为基础,进行二维作业;立体空间则通过构筑物自身的立体结构与地面相连,进行三维的展示或者工作等。

3. 内部空间的特点

部分旧工业构筑物过去用于容纳重型机器设备和原材料,空间宽敞,并具有良好的通风、采光和适宜的温度条件,是一种极具价值的空间资源,可以适当改造并赋予其新的使用功能。此外,旧工业构筑物历史悠久,材质具有独特性,在进行原有的工业生产时都有着相当程度的磨损,会带有与众不同的斑驳痕迹,承载着一代人甚至几代人的记忆,呈现出特殊的文化和历史价值。

1928年建造的德国奥伯豪森煤气罐,作为冶金生产链中的一环,具备储存煤气的功能,直径67米,高118米。被废弃的煤气罐在完成内部适当改造后,形成了独特的展览空间,成为欧洲最大也最另类的展览馆之一,如图3.1所示。

(a)　　　　　　　　　　　　　　(b)

图3.1　德国奥伯豪森煤气罐

(a)外观;(b)内部

3.2.2 提升策略

旧工业构筑物再生利用内部空间韧性提升是指通过设置夹层、局部拆减、设立隔断、外墙开窗、楼板开洞等方式，重新利用原有空间，既可以让人感受旧工业构筑物内部空间的独特性，又可以使其焕发新的生机与活力。要注意的是，空间中原有的构造细部设计、材料装置设备及风格都暗示着旧工业构筑物曾经的功能特色与时代风格，因此对其改造再利用时，要将新旧元素相互结合并使其协调，保留原有的文化特色。此外，旧工业构筑物的使用功能比较特殊，其原本的采光和照明设计仅是以生产为目的，色彩也比较单一，为了创造更好的空间效果，光环境的营造以及色彩的使用也需根据新的使用要求而进行重新定义。

位于丹麦的 Jægersborg 水塔在改造时突破常规方式，通过对水塔内部环境空间重新进行划分与组合，将废弃水塔改造为学生公寓，如图 3.2 所示。在水箱部分，延续原来的外形和功能；在筒柱形塔身部分，基于原有结构特点，在竖直与水平两个维度上分别进行了空间划分，将其建造成一个具有雕塑感的晶体结构空间。如图 3.3 所示，竖直方向上，楼层按功能划分，1、2 层为公共交流娱乐空间，3～7 层为住宅空间，共 36 间公寓，阳台按照太阳的运行轨迹环绕布置；水平方向上，围绕中央一个圆形的储藏室布置各个房间单元，房间面积在 32～36 m²，成功实现了功能的置换。当夜幕来临时，灯光将整个建筑变成一座晶莹璀璨的结晶体，再加上凸出的透明窗和不同高度的阳台带来的雕塑感造型，共同营造出水塔里程碑般的象征意义。

图 3.2　学生公寓

图 3.3　水塔空间划分

1—房间单元 A；2—房间单元 B；3—储藏室；4—楼梯间；5—交流室；6—阳台

1. 空间的整体利用

在构筑物遗存空间结构现状与植入功能空间需求吻合的情况下，不对旧工业构筑物的原有空间进行划分、拆卸或增建，而是利用构筑物的整体空间来布置其功能；或者构筑物本身的历史文化价值较高，不得任意更改其空间结构，应保留其空间形态，仅做适当的维修与加固，将构筑物本体作为文物展示并对室内空间进行再利用。

这种方式强调对原始构筑物空间的还原，对内部结构不做很大的改变，可以在外墙开洞引入光线或者依靠灯光的布置强化空间感受。广州的源计划工作室对蛇口浮法玻璃厂内一座筒仓进行的改造再利用是将功能主体置于筒仓上方的入料层内，而在筒仓的主要空间内仅仅置入一个螺旋形楼梯。参观者在拾级而上的过程中可以看到连续几个楼面的水平和垂直方向的洞口，感受构筑物的内、外、上、下之间变化的关系。筒仓的参观流线不仅是空间上的流线，也是时间上的流线。

与之类似的还有芬兰赫尔辛基 468 号筒仓改造，原储油罐被改为一座光影艺术中心，在保留了原来的内部空间形态后，建筑师在筒壁上打了 2012个小孔，并在小孔后面装上 1280 盏 LED 球形吊灯，如图 3.4 所示，加上筒壁上的红漆，使自然光线和人造光线融入一个全新的空间里，为公众提供了一个特别的活动场所，一处怀想旧工业文明和城市历史的公共空间。

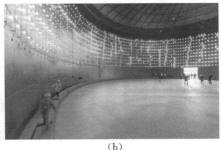

（a）　　　　　　　　　　　　　　（b）

图 3.4　芬兰赫尔辛基 468 号筒仓

（a）外观；（b）内部

在加拿大蒙特利尔 Saint 街上有一家攀岩健身房，其由一家废弃的糖果厂改造而成，如图 3.5 所示。原糖果厂的筒仓内部被改造成白色且有棱角的攀岩墙，攀岩墙色彩鲜艳，点缀着人造的悬崖，营造出很有特色的内部空间。

（a）　　　　　　　　　　　　　　（b）

图 3.5　加拿大蒙特利尔 Allez-Up 攀岩健身房

（a）外部形态；（b）内部空间

2. 空间的分隔

1）水平分隔

水平分隔是指在同一水平维度上，根据功能需求利用实体隔墙和软隔断对原来较大的空间进行空间划分，以满足新的功能需求，如图 3.6 所示。

通过实体隔墙，可以将旧工业构筑物的内部空间划分为数个较独立的

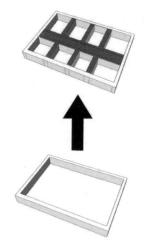

图 3.6　空间的水平分隔示意

功能空间,这些空间不会互相干扰。而软隔断通常采用屏风、幕布、拦网等进行空间划分,灵活性较强,必要时可合并使用。例如,上海油罐艺术中心 5个油罐的内部空间是根据演艺厅、餐厅、展厅和美术馆的功能需求进行水平空间划分的,分隔空间的墙体包括弧线墙体、直线墙体和两者组合墙体,以适应不同的功能需求,如图 3.7 所示。

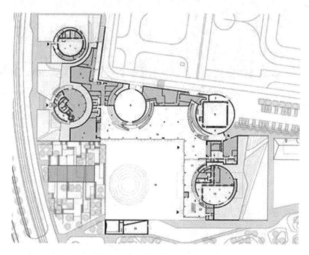

图 3.7　上海油罐艺术中心水平分隔

2）竖向分隔

由于工业构筑物比一般的民用构筑物要高出许多,因此其具备了在竖向上进行分隔的条件。根据空间特点的不同,在旧工业构筑物的局部或整体加建内部隔层,将一层的旧工业构筑物分成两层或更多层加以利用,可以增加使用面积,满足不同功能的需求,进而丰富空间层次,如图 3.8 所示。例如澳大利亚班伯里港的布罗德沃特筒仓被化整为零作为高档住宅出售,高30 米、直径 12 米左右的主体被竖向分隔为九层,再设置隔墙划分出更小的单元。

图 3.8　空间的竖向分隔示意

因为筒仓需要储存大容量的物料,所以其外墙一般比较坚固,用以抵抗侧面的压力。同时由于气密性要求,筒仓的墙体一般没有窗洞,这种特殊的结构赋予了筒仓独特的空间形式。筒仓的内部和外部空间界限划分明显。如图 3.9 所示,由于筒仓本身高度上的优越性,在做内部空间改造时可以将其进行垂直分隔,形成不同层高的内部空间。一些群仓的改造还可以将几个筒仓贯通,形成连续的条形内部空间。

西班牙建筑师里卡多·波菲将位于巴塞罗那郊区的一个废弃水泥厂改造为事务所(图 3.10),他将 30 个筒仓中的 8 个打造成办公室、实验室、档案室、放映厅和文化展览空间。改造后的空间清除了不必要的混凝土,并且被

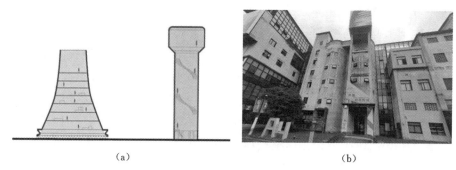

(a)　　　　　　　　　　　　　　　　(b)

图 3.9　垂直拆分示意图

(a)示意图;(b)实景图

新的植物景观所围绕。外表粗糙的混凝土柱子也保留不变,柱子左右两侧
分别为设计区和会议区,形成极具后工业时代感的 LOFT 办公环境。同时,
在室内宽敞的高挑空间中混搭了高技派的家具。

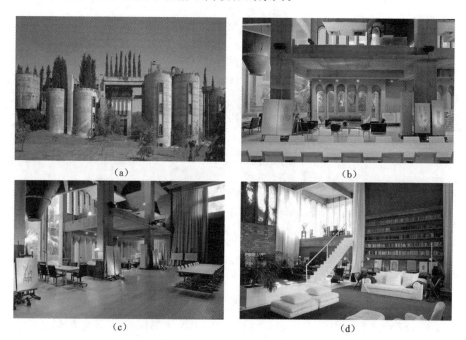

(a)　　　　　　　　　　　　　　　　(b)

(c)　　　　　　　　　　　　　　　　(d)

图 3.10　里卡多·波菲事务所

(a)外部形态;(b)办公空间一;(c)办公空间二;(d)住宅空间

竖向分隔在结构利用上包括两种情况：一是利用原有的承重结构，在原结构体系的基础上加建隔层；二是加固原构筑物结构体系并加入新的结构体系，大多采用轻型的钢结构来增加夹层，新的结构体系要注意与原有结构体系之间的受力关系，保证新增结构不对原结构和受力构件造成损害。

此外，还有一种设计方法是将一个完整的空间嵌入旧工业构筑物空间中，从而形成新的实体空间，剩余空间可进行进一步分隔。以阿姆斯特丹议会举办的筒仓改造竞赛为例，其中一个设计师在筒形地基上嵌入了一个高达40米的圆锥形人工洞穴。由于锥形体的墙体是斜的，因此它和筒仓墙壁间形成了一个新的实体空间。这个新空间可以作为攀岩运动厅或多功能大厅使用，如图3.11所示。

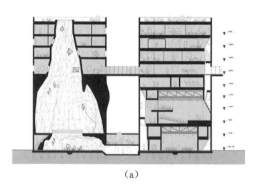 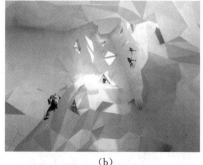

（a）　　　　　　　　　　　　　　　　　　（b）

图3.11　阿姆斯特丹筒仓改造竞赛

（a）剖面图；（b）内部

3. 空间的合并

1）水平合并

对于内部空间狭小、闭塞的工业构筑物，在改造时为了适应新的功能需求，往往会通过拆除墙体的方式将构筑物内部小空间合并成宽敞、开放的大空间，如图3.12所示。

位于南非开普敦的蔡茨非洲当代艺术博物馆由一座有着42个直径5.5米的筒仓的筒仓群改造而来。设计师把其中的30个筒仓拆除了外壁，形成一个巨大的内部贯穿空间，并依据教堂的格局，在其中挖出一条轴线形画廊、一个向心圆形展示空间，以及在顶部设置玻璃天窗向室内引入光线，从

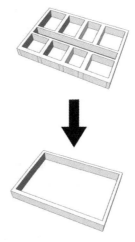

图 3.12　水平合并

而解决了狭窄筒仓和展览所需的大空间之间的矛盾，也塑造了全新的空间体验，如图 3.13、图 3.14 所示。

图 3.13　蔡茨非洲当代艺术
博物馆内部

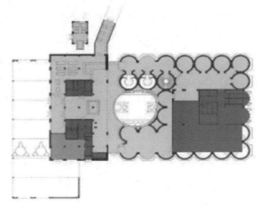

图 3.14　改造后一层平面图

2）竖向合并

在不影响原工业构筑物整体承重结构的前提下，改造中会局部拆除原多层工业构筑物的楼板、梁柱等结构构件,以获得比较高大、宽敞的空间,适应新的功能需求,如图 3.15 所示。

3) 空间连接

根据设计的需要,采用连廊、栈道、天桥等方式将若干独立的单体构筑物连接起来,如图 3.16 所示。新的连接通道使构筑物内部相互贯通,突破原空间的限制,使构筑物的空间层次和界面处理更加丰富,交通流线组织也更加流畅。

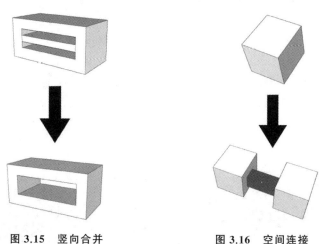

图 3.15　竖向合并　　　　　　图 3.16　空间连接

4. 空间的扩建

1) 水平扩建

当原有工业构筑物空间较小,无法满足新功能的需要时,可以采用水平扩建的方法,在保持原主体结构不变的前提下,充分发挥构筑物的稳定性,向四周延展空间,从而形成新的功能结构。

成都国营红光电子管厂在改造中对旧工业构筑物进行了横向扩建,如图 3.17 所示。在设计时,保留并更新了原有的筒仓结构,增加了一个全新的连廊与原有的连廊结合,同时对于场地内部路线进行了全新规划,通过横向工业构筑物搭建让原有工业构筑物不再孤立,并且新工业构筑物的立面与原工业构筑物的立面互相呼应,形成了全新的人群流线,营造了更加丰富的场地环境。

图 3.17 工业构筑物现代化横向扩建

　　丹麦哥本哈根港口的 2 个废弃筒仓被改造为弗洛兹洛双子星公寓。设计采用整体外延的方式,利用筒壁作为支撑结构,将悬挑的空间延展至筒仓外围。通过这种方法,筒仓主体空间形成了 2 个共享中庭,既保持了原有的材料质感,又兼顾了现代的时尚气息,如图 3.18 所示。

　　　　　　　　　（a）

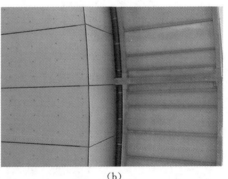
　　　　　　　　　（b）

图 3.18 丹麦哥本哈根弗洛兹洛双子星公寓

(a)整体外延;(b)悬挑结构

　　2)垂直扩建

　　垂直扩建是在原有构筑物上继续增加楼板,从而增加构筑物的使用面积,调整构筑物的体型和尺度。这种处理手法多见于构筑物被赋予的新功能要求有更多的使用面积,同时原有构筑物的结构状况良好,允许加层。

　　北京怀柔金隅兴发水泥厂 18 个筒仓改造时,在筒仓顶部加建了专家公寓,原有筒仓空间被改造为数学家俱乐部。顶层体块的延伸使旧工业构筑物的使用空间得到了更丰富的拓展,如图3.19所示。

（a）　　　　　　　　　　　　　（b）

图3.19　北京怀柔金隅兴发水泥厂18个筒仓改造

（a）筒仓旧貌;（b）改造方案

　　科幻世界位于成都市"东郊记忆"文化工业园区内,其场地原为成都国营红光电子管厂,在废弃之后被商业并购,用于全新的场地搭建。如图3.20所示,设计最大限度地保留了原来废弃和预备拆除的工业构筑物及其空间、结构和外部形态特征,在竖向进行了顶层部分的扩建,而对下面的部分进行了保留,将新结构见缝插针地植入其中并叠加数层,上层的新立面和被保留的砖混墙面在历史与现代之间实现了微妙的平衡。

图3.20　科幻世界构筑物垂直扩建

3）地下空间

　　当地上空间不能满足使用要求或者原有工业构筑物自身存在特殊条件时,可以考虑因地制宜地发展地下空间,尤其是在改造空间结构较大或是难以移动的构筑物时更为适用,因为在这种条件下开发地下空间对旧工业构筑物原有布局、风貌和城市肌理影响最小。如图 3.21 所示,在上海杨树浦发电厂构筑物改造项目中,设计师对原本存在于地下的工业构筑物进行了适应性的改造,将其与城市周边景观有机结合,形成了一个别具新意的全景天窗,营造了与众不同的氛围和环境。

（a）　　　　　　　　　　　　　　（b）

图 3.21　上海杨树浦发电厂地下改造效果

　　另外,在旧工业构筑物再生利用内部空间设计时也需考虑韧性问题。如果旧工业构筑物原主要用途为生产制造,则应充分考虑再生利用后空间布局的合理性,从而提高内部空间的应急响应能力。如图 3.22 所示,位于哥本哈根港口 Nordhavnen 地区的筒仓再生利用项目,将原有的筒仓与全新的场地进行了空间上的分隔,尽量避免单点故障或不必要的连锁反应。

图 3.22　哥本哈根港口 Nordhavnen 地区筒仓再生利用

3.3 外部空间韧性解构

3.3.1 现状梳理

1. 外部空间的内涵

旧工业构筑物再生利用外部空间指由实体构件围合的内部空间之外的一些活动领域，如构筑物周围的庭院、广场、街道、绿地、游园等可供人们日常活动，由人创造的具有某种目的与意义的空间。旧工业构筑物外部空间是与其内部空间相对应的概念，外部空间是内部空间的延续，两者之间是相互关联、相互渗透、紧密联系的。城市的魅力不仅在于有许多优美的建筑，同时也是因为其拥有吸引人的外部空间，而外部空间设计就是创造这种吸引力的空间技术。对旧工业构筑物进行保护、利用和传承时，除了要注重构筑物的样式、材料、艺术创新和设计运用，还要重视其周围空间环境的塑造，将其重新激活为公共活动的空间载体。

如果场地上有多个独立的旧工业构筑物，根据其地理位置、历史文化背景和功能需求进行整合与改造，也可形成具有统一性和完整性的城市活动空间。这种空间能够满足当代城市居民在生产、休闲等多个领域的需求，也是具有文化遗产保护意义的重要空间类型之一。

上海杨树浦发电厂曾是远东第一火力发电厂，于1913年由英商投资建成。这片场地留有丰富的工业构筑物，江岸上的烟囱、鹤嘴吊、输煤栈桥、传送带、清水池、湿灰储灰罐、干灰储灰罐等作业设施有着特殊的空间体量和形式，设计师通过增设2块景观平台，将原先独立的3个灰罐连接成一个统一的整体。并且采用朦胧界面的处理手法，对原先15米通高的封闭灰罐进行改造。整个空间的使用模式被想象成为一组完全公共的漫游路径，从底部的混凝土框架一直盘绕至灰罐顶部，形成连续的交通空间，使旧工业构筑物形成一个有机串联的整体，重新激发城市活力，如图3.23、图3.24所示。

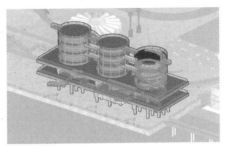

图 3.23　干灰储灰罐重构为　　　图 3.24　上海灰仓艺术馆漫游路径
上海灰仓艺术馆

2. 外部空间的分类

根据不同的标准,旧工业构筑物再生利用外部空间可以分为如下几类。

① 按功能划分:可以分为商务、休闲、文化、艺术等不同类型的空间。

② 按使用者划分:可以分为公共空间和私人空间两种类型。公共空间通常面向市民和游客开放,比如广场、公园等;而私人空间则供企业、机构或个人专用,比如院落中的构筑物等。

③ 按位置划分:可以分为内空间和外空间两种类型。内空间通常指的是围绕原有构筑物群体打造的中央庭院、休息区等;而外空间则包括原有构筑物周边的停车场、过渡区、景观带等。

④ 按形式划分:可以分为平面空间和立体空间两种类型。平面空间主要以地面为基础;立体空间则通过构筑物、桥梁等结构与地面相连。

3. 外部空间的特点

旧工业构筑物再生利用外部空间通常占地面积比较大,是城市发展和工业演进过程中的见证者,记录了城市工业化发展的足迹,并承载了一定的工业文化价值。外部空间还具备较高的灵活性、开放性和可塑性,为创意、艺术、休闲、商务等多样化的功能需求提供了基础,既可以用于承载居民活动,也可以用于景观营造,是城市意象的重要组成部分,如果利用得当,外部空间会成为城市空间中的特色部分。

外部空间与内部空间的交融和转化是旧工业构筑物再生利用中经常采用的一种设计方法。构筑物设计与景观设计相互影响,外部空间的设计对构筑物具有重要的烘托作用,依据构筑物的特征进行场地设计,可以体现出构筑物的独特之处。高炉、冷却塔、筒仓、料仓这类筒体建筑在艺术审美方面显示出浓厚的工业风格,外部空间更新内容丰富并且改造弹性较大。

3.3.2　提升策略

1. 创造丰富多样的空间

保留旧工业构筑物的历史价值和文化遗产,同时结合场地上的其他要素(如广场、走廊、座椅、雕塑、绿地、水池等)形成新颖、有趣的公共空间,并赋予该空间多种功能,包括休憩、交通、娱乐、运动、聚集、装饰等,不仅可以提升空间的使用效率,而且可以营造多元的文化氛围和物质空间,从而增加场所的活力。例如首钢园内铁轨的保留充分体现了钢铁工业遗产的记忆,锈迹斑斑的铁轨与绿植交互生长,在园区里形成一条独特的景观线路,如图3.25所示。

(a)　　　　　　　　　　　　　(b)

图 3.25　首钢园内铁轨的保留与利用

(a)长线铁道改造;(b)短线铁道改造

麻浦油罐文化基地是由“石油储备基地”改造而来的,现已成为首尔最具代表性的城市地标之一,如图3.26所示。其中,6个圆柱形储油罐分别被改造为音乐厅、演讲室、公演场及展览室、咖啡厅等休闲娱乐场地,而超过30000平方米的文化广场则原封不动地保留了石油储备基地时期的混凝土地面。这里常年举办多种多样的市民节庆活动,目之所及的地方,都是市民享受户外生活的场所。

图 3.26　麻浦油罐文化基地
(a)入口下沉广场；(b)广场市集 1；(c)广场市集 2；(d)广场市集 3

　　某美术馆屋顶露台设计通过将旧工业构筑物与厂房进行堆叠，形成了全新的带屋顶露台，在保持原有构造和表皮材料不变的基础上，通过将旧工业构筑物与全新的文化元素进行结合，创造出一个兼具威严与灵气、工业与艺术交集的空间，契合了当代年轻人的需求，彰显了现代化的空间形态和多样化的陈列方式。整合传统文化和现代审美的设计理念及空间形态，符合当下社会的审美趋势和文化需求，如图 3.27 所示。

　　2. 传承历史和文化价值

　　在旧工业构筑物再生利用过程中，应该尽可能地保留其原有的历史和文化价值，并且将其融入场地空间的设计中，以实现传承与创新的平衡。保护工业文脉基因，是对传统文化精神的弘扬和延续，既要重视场地历史文脉的传承，还要敢于对场地提出创新的设计方案，保留特色构筑物和景观，摒

(a) (b)

图 3.27 某美术馆屋顶露台设计

(a)场地链接;(b)构筑物特写

弃不符合时代发展的功能、风貌,采用新的理念、文化思想、空间观念和技术材料等,促进旧工业构筑物的价值充分展现,赋予工业遗产新的生命。更新改造后的外部空间可以按照主从有序、叙事有秩的原则,通过逻辑化的设计思维,使工业历史与现代社会相融合。运用要素叠加、形态拼贴、格局延展等方法实现文脉的延续与创新,通过对比、融合、并置的要素处理手法解决矛盾,实现可持续发展。

首钢制氧厂南片区再生利用项目,将承载了几代人共同记忆的旧工业构筑物一并保存了下来,如图 3.28 所示,在湖光山色中,钢铁森林诠释着不一样的风景。地块入口处保留了高耸的冷却塔和铁路钢棚,曾经用来制氧的厂房内部桁架结构完好,外部绿色墙皮富有艺术感,原有的输气管廊穿梭在整个场地中,抬头还能看到"安全第一"的警示牌,似乎又让人回忆起厂区原有的繁盛。场地具有的丰富工业风貌成为设计的素材与灵感,设计基于最大限度尊重原有风貌的原则,延续了工业时代的记忆。

3.拼贴修复构筑物立面

旧工业构筑物外表皮的材质和肌理,是旧工业时代的标志,能够唤起在外部空间中活动的人群对历史和时间的感知。在改造中应尊重工业遗存的

图 3.28　首钢制氧厂南片区再生利用

(a)入口下沉广场;(b)演播厅入口;(c)外景;(d)构筑物侧拍

历史信息,最大限度地恢复其外部形态特征,对建筑物的外表进行清洁和维护,并对其历史信息遭到损坏的部位进行适当的修补和加固。里卡多·波菲建筑设计事务所总部筒仓改造项目,保留了 30 个筒仓的粗犷外表并对其进行维修加固,并加以植物作为装饰,塑造了旧工业构筑物的新风貌,如图 3.29 所示。

　　此外,还可以采用异质化表皮的设计方式,即用新的表皮对工业构筑物进行立面更新,其形态、材料、颜色与原表皮一般具有明显的差异,例如用明亮、透明、细腻的玻璃或软质、富有弹性的布膜材料与旧工业构筑物密闭、厚实、粗糙的混凝土产生对比,通过这种手法可以营造出一种与旧工业构筑物完全不同的新风格,使原有构筑物焕发出新的生机和活力。对不同材质和肌理进行拼贴,既能对比突出新技术、新理念的运用,又能反衬出旧材质的历史感和氛围感,强调用体验和感官来感受历史。异质化表皮再生可分为两种改造形式:一种是保留旧工业构筑物的整体外部框架,更换或者拆除立

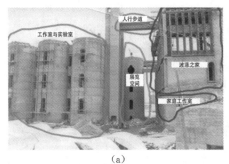

(a)　　　　　　　　　　　　　　(b)

图 3.29　里卡多·波菲建筑设计事务所总部

(a)改造前;(b)改造后

面墙体,打造全新的立面;另一种是将全新的表皮直接覆盖于旧工业构筑物立面之上,无须拆除原有的立面。

　　蔡茨非洲当代艺术博物馆为了在海滨营造灯塔形象,把筒仓的上层表面替换成了巨大的凸面玻璃,通过玻璃与混凝土的对比,反映出海滨灯塔与工业遗存的多维互动,如图 3.30 所示。位于深圳南山区华侨城北部华中电厂中的红砖工坊原为圆形红砖蓄水池,通过加建一层入口弧墙及外部环形不锈钢板楼梯,将一层室内、室外与屋顶重构为有机连续空间,创造出独特的场所体验感。外立面采用多孔红色陶砖还原原始建筑形态,以"新"溯源,唤醒场所精神,如图 3.31 所示。

图 3.30　蔡茨非洲当代艺术博物馆　　　图 3.31　深圳华中发电厂红砖工坊

　　在丹麦哥本哈根北港的中心区有一座名为 The Silo 的公寓楼。该公寓楼原本是一座粮食仓库,17层的粮仓楼曾是哥本哈根北港最大的工业楼,粗犷的外立面上的黑字极具工业时代的风格。为了升级原本粗犷的混凝土立面,设计师将整个建筑的外立面都用几何形态的镀锌钢板材料覆盖,内部则保留了原始的混凝土内饰,以此展现海港粗犷的特征,如图3.32所示。

(a)　　　　　　　　　　(b)　　　　　　　　　　(c)

图3.32　丹麦哥本哈根 The Silo 公寓楼

(a)改造前;(b)改造中;(c)改造后

还有一些设计师利用艺术涂鸦为旧工业构筑物打造立面新形象,实现外部形态的创意式再利用,通过艺术方式引导或加强承载物本体及其外部空间环境的吸引力。例如,澳大利亚的筒仓艺术运动打造了澳大利亚最大的室外美术馆,到目前为止已经拥有45个艺术筒仓。来自全球各地的艺术家通过对当地居民进行访问和调研,绘制了大量的不同题材的筒仓涂鸦,表达并颂扬当地特有的历史文化与乡村传说,如图3.33所示。

4. 强化空间流线的设计

基于既有路网空间结构,通过保留结构、营造特色道路、再造工业景观廊道等方式,营造具有场所记忆氛围的外部空间。可采用增加灰空间、种植绿地植被、铺设层次丰富的铺地等方式,强调构筑物内、外部空间的连接,提升人们在室内外空间转换的体验感。还可通过将高架铁路、输气管廊、带状运输廊道改造成空中栈道,连接重点建筑物、构筑物或设施设备,增强工业遗址内个体工业遗迹的关联性和系统性。路网组织如图3.34所示。

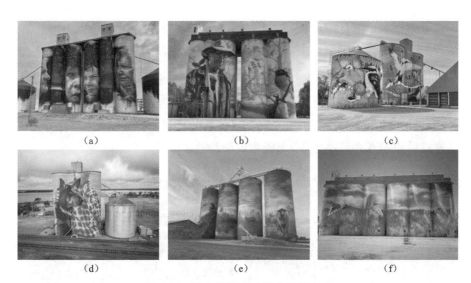

图 3.33 澳大利亚艺术筒仓涂鸦表皮

(a)守护;(b)农夫;(c)澳洲鹤;(d)爱犬;(e)家乡;(f)梦想

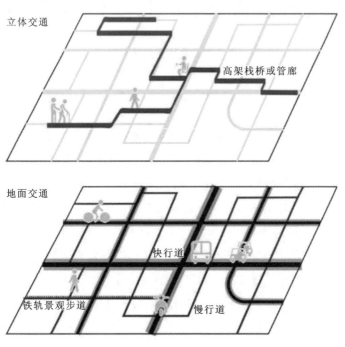

图 3.34 路网组织

首钢园改造中打造的慢行系统,延续了工业特色风貌并提供不同层次的观景、休憩、健身空间。工业管道被改造成空中步行通道,集慢行交通和观景休闲功能于一体,形成了首钢园的慢行体系,成为目前全世界最长的空中走廊之一,如图 3.35 所示。首钢园高架管廊以悬空长廊为边界,一楼是"留白增绿"的最佳场所,周围都是郁郁葱葱的植物,还有一条绿色的小径,二楼以散步和观光步道为主,三楼为运动跑道。

(a)   (b)

图 3.35　首钢园高架管廊

(a)架空管廊二层木栈道;(b)架空管廊三层红蓝跑道

5.探索构筑物的多样性使用

部分旧工业构筑物具有被塑造成为场地标志物的潜力,让使用者根据其位置对厂区空间进行识别,增强方向感和场所感,描绘心中的地图,并且营造出该区域独特的形象。旧工业构筑物被设计为场地的核心标志物,有四种常用的手法(图 3.36):一是绿地环绕型,这种设计手法适用于标志物体积小且不可进入的静态保护方式,使用功能较弱;二是绿地广场结合型,适用于博物馆、展览馆以及遗产公园等低容积率、亲近自然的方式;三是保留建筑环绕型,对于历史建筑价值较高的区域,为突出高大的标志物,在其周边加入广场和庭院;四是新建建筑环绕型,以标志物和旧厂房为核心,控制新建建筑的高度,主次分明。

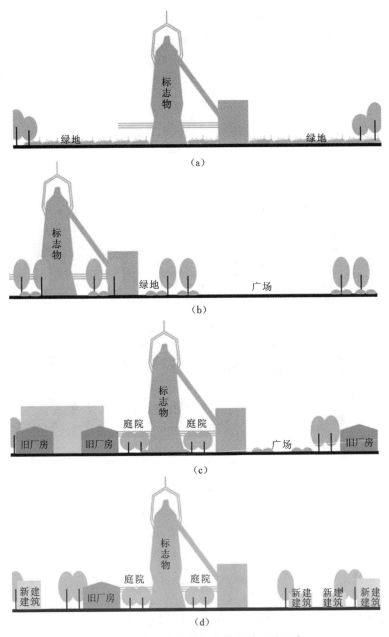

图 3.36　标志物与外部空间设计手法示意

（a）绿地环绕型；（b）绿地广场结合型；（c）保留建筑环绕型；（d）新建建筑环绕型

合理利用小体量的工业构件,对其进行艺术化处理,经过要素的提取与重组使其成为外部空间的视觉焦点,形成强烈的视觉传达效果,有助于塑造具有张力的外部空间,如图 3.37 所示。此外,还可以利用具有先进性和时代感的新技术,如数字化设计、智能制造、智能联动等,增强空间的使用效果和游客的体验感。

图 3.37 设备设施的提取与重组

东郊记忆·成都国际时尚产业园是在成都市原国营红光电子管厂旧址上改建而成的,如图 3.38 所示,是以"时尚设计与音乐艺术双柱求发展"为定位的国际时尚产业园区。该园区保留了许多工业遗存,旧工业构筑物不加修饰地陈列在园区中,使园区成为网红打卡新地标。

深圳华中电厂留存的滤油罐被打造成儿童游乐主题的"油乐园",如图 3.39 所示。设计利用保留的滤油罐创造出一个连桥和一个游乐场,让小朋友在游憩的同时可以了解燃油过滤的工作原理。西侧二层屋面平台原为废弃平台,年久失修,设计通过对屋面平台进行修复重塑,并围绕原有烟囱植入不锈钢雨棚,形成独特的工业体验场所。工业遗存痕迹和新构筑物形成

（a）　　　　　　　　　　（b）　　　　　　　　　　（c）

图 3.38　东郊记忆·成都国际时尚产业园

（a）场景一；（b）场景二；（c）场景三

连续生长的有机体，串联起电厂的过去、现在和未来，继而使新老构筑物在同一个秩序中进行迭代融合。

（a）　　　　　　　　　　　　　　　　（b）

图 3.39　华中电厂改造

（a）滤油罐改造为游乐设施；（b）不锈钢雨棚与工业遗存痕迹——烟囱

6. 绿色可持续性的设计

工业活动会带来环境污染问题,改造旧工业构筑物时需要对外部空间进行生态修复,同时应注重环境保护,可采用节约能源、降低碳排放、增加绿化等方法,提高场地的环境质量。

杨树浦发电厂的改造(图 3.40)充分利用场地遗存的烟囱、鹤嘴吊、输煤栈桥、传送带、清水池、储灰罐等作业设施,展开公共空间营造。同时采用有限介入、低冲击开发的策略,在尊重原有厂区空间和原生形态的基础上进行生态修复和改造。保留原有的地貌状态,形成可以汇集雨水的低洼湿地。植物配置以原生草本植物和耐水乔木池杉为主,同时配以轻介入的钢结构景观构筑物,形成别具自然野趣和工业特色的景观环境。电厂作业设施中有一组储水、净水装置,拆除两个圆形储水池的上方结构后留下两处基坑。设计保留其中一处基坑作为雨水花园,另一处改建为净水咖啡厅,都最大限度地保持了整个场地的肌理和工业遗存。雨水花园种植芒草等净水植物,

图 3.40　杨树浦发电厂遗址公园

(a)鸟瞰图;(b)烟囱;(c)外部空间;(d)净水咖啡厅

池中铺有鹅卵石,大雨时调蓄降水、滞缓雨水排入市政管网。净水咖啡厅则在基坑上盖劈锥拱,点式细柱落在以同心圆方式形成的外圈基础上,上部穹顶的顶部打开,引入自然光,同时露出后方标志性的烟囱。

此外,外部空间还可以增强整个区域的防灾能力,在外界风险和灾害来临时,可为对抗风险提供空间功能基础。公共活动空间不仅能够作为厂区内部人群的紧急避难场所,同时也可以作为临时存放救灾物资的场地,因此应将外部空间纳入防灾体系中,进行应急避难设计。

4

旧工业构筑物再生利用结构
韧性解构

4.1 结构韧性解构基础

4.1.1 结构韧性内涵

结构是构成工业构筑物并为使用功能提供空间环境的支撑体,承担着工业构筑物在重力、风力、撞击、振动等作用下所产生的各种荷载。同时,结构既影响着工业构筑物的外在体量与整体造型,也影响着工业构筑物的构造、成本、内部空间等方面。

结构韧性的提升对于提高建筑结构防灾减灾水平具有重要的作用。结构韧性可定义为:结构在受到自然灾害、人为灾害等因素的影响时,依然能够满足正常使用要求,维持正常运行的能力。当然,结构也和当时的设计、施工、使用密切相关,受各建设时期发展形势、技术水平、后期使用、管理水平、技术改造等多种因素制约。

对旧工业构筑物再生利用来说,其结构韧性不仅要满足旧工业构筑物再生利用结构安全可靠的要求,还要保证发生灾害时结构的安全,使结构在遭受灾害后仍能保证正常使用或尽快恢复,并减少对正常使用的影响。

4.1.2 结构韧性特征

旧工业构筑物再生利用结构韧性特征主要包括安全性、可恢复性、耐久性、鲁棒性、快速性。

1. 安全性

安全性是指结构在各种外力作用下仍能保持完整、安全可靠的能力。安全性对于旧工业构筑物再生利用来说是最基本的要求,旧工业构筑物再生利用后结构安全性得到提升,不仅能提高结构的承载力,更能为使用者提供安全的场所。

2. 可恢复性

可恢复性是指结构在遇到自然灾害、人为灾害等外力作用时,稍做修复或无须修复就能够快速恢复的能力。可恢复性关注强度剩余、功能完整性和灾后所需恢复时间,同时要求结构具有更大的变形能力、更小的残余变形能力,且能够保证结构损伤可控。

3. 耐久性

耐久性是指结构在灾害因素作用下,在设计要求的目标使用期内,功能虽可能随时间退化,但不需要进行额外的加固,仍满足正常使用并能保持适用性和安全性的能力。进行再生利用时,需要对结构的使用寿命进行分析,合理地对原有结构进行加固改造,满足使用功能要求。

4. 鲁棒性

鲁棒性是指在灾害事件突发的情况下,结构体系发生局部破坏或整体破坏后仍然能保证稳定性,不发生与初始损伤不成比例的破坏的能力。

5. 快速性

快速性是指结构在灾害因素作用下受到扰动时,能够在最短的时间内恢复正常使用功能的能力。具有韧性的结构,可以明显缩短受灾后从安全功能恢复到基本功能再恢复到综合功能所需的时间,可有效减少损失。

4.2 既有结构韧性解构

4.2.1 现状梳理

经过大自然长时间的风吹雨打、雪冻和暴晒,既有结构中的一些材料会逐渐丧失原有的质量、性能和功效,即人们常说的风化和老化;恶劣的使用环境也会引起结构缺陷和损坏。在长期的劣化环境中,外部介质会侵蚀结构的材料,结构的功能将逐渐削弱,甚至丧失。

1. 结构状况

1)砖混结构

砖混结构在风化、温差、干湿化等物理环境的影响下,会出现变色、生苔、泛碱等多种损坏现象,严重的会造成结构损伤,出现裂缝、残损等,存在一定的安全风险,如图 4.1 所示。

图 4.1　砖混结构损坏

2) 钢结构

由于自然环境的影响,钢结构在竖向荷载和天气的双重影响下会出现变形和损坏;雨水侵蚀会造成钢结构表面锈蚀甚至严重的开裂;温度变化也会造成钢结构构件变形、开裂,如图 4.2 所示。

图 4.2　钢结构损坏

3) 钢筋混凝土结构

环境变化会导致钢筋混凝土结构构件受到损坏,比较常见的有钢筋锈蚀、混凝土碳化、混凝土裂缝、混凝土冻融破坏等,如图 4.3 所示。

图 4.3　钢筋混凝土结构损坏

2.原因分析

通过分析,将影响结构安全韧性的原因分为四类,分别是物理因素、化学因素、生物因素、机械因素,具体如表 4.1 所示。

表 4.1　结构损坏原因分析

因素归类	影响机理
物理因素	在高温、高湿、温湿交替变化、冻融、粉尘及辐射等物理因素长期、反复的作用下,既有建筑材料会发生膨胀、收缩等现象,导致内部结构受损,影响功能
化学因素	含酸、碱或盐等化学介质的气体或液体,有害的有机材料、烟气等侵入既有建筑材料的内部后会发生化学作用,导致材料组成成分发生不利变化
生物因素	微生物、水藻、蠕虫等对材料的破坏,会导致既有建筑材料发生腐朽、虫蛀等现象,影响结构的稳定性及安全性
机械因素	建筑物内部荷载的持续作用会对结构产生冲击,使得结构发生损坏

4.2.2 提升策略

1. 安全鉴定

旧工业构筑物具有形式多样、受力复杂的特点，为保障旧工业构筑物再生利用的安全性，需要了解既有结构目前的损坏情况和实际承载状态，综合评估既有结构目前的可靠性，最后依据鉴定结果，提出相应的加固措施。安全鉴定按照以下四个步骤进行。

1）对既有结构技术文件进行核查

主要的核查内容有原设计竣工图、加固改造维修记录等。

2）结构现状检测

① 地基的基本情况：场地类型和地基土层情况；地基的变形情况和上部结构的裂缝情况等；地下水位、水质情况和土壤侵蚀等对结构的影响。

② 上部承重结构：对结构构件进行检测，例如需要对钢筋混凝土结构的混凝土强度、配筋情况等进行检测。

③ 辅助设施检测：对进出料口、爬梯、避雷针平台及其他附属构件的锚固性进行检查。

④ 对结构布局和构件尺寸进行复核。

3）结构分析

采用相关的结构计算软件，根据相关的设计准则对结构进行动态和静态的力学性能研究，以得出在正常工作环境和地震环境下，各构件、节点与连接处的安全性极限。在确定结构设计简化方案时，应综合分析结构的变形、缺陷和损伤、荷载作用点和作用方位、构件的真实刚性、构件在节点上的位置、构件受力后荷载的变化和施工后荷载变化等方面的影响。

4）鉴定结论及处理意见

根据相关规范要求、现场检测结果和结构计算分析结果，确定既有结构在当前状态下的可靠性，给出鉴定结论并提出相应的处理建议。

2. 结构加固

1）增大截面加固法

增大截面加固法是指增大原有结构构件的截面面积或增配钢筋，以提高其承载力和刚度,或改变其自振频率的一种直接加固法。增大截面加固法主要用于对钢筋混凝土梁、柱、抗震墙和楼板等构件进行加固。该方法对原有结构构件外包一定厚度的钢筋混凝土,新增钢筋混凝土和原有结构可靠连接,在荷载和地震作用下共同受力,实现了增加原有结构配筋,增大原有结构截面,从而提高原有结构的承载力和刚度的效果。增大截面加固法工艺流程如图4.4所示。

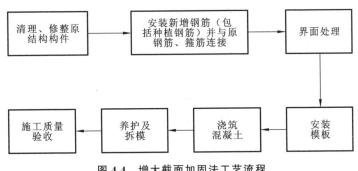

图4.4 增大截面加固法工艺流程

2)置换混凝土加固法

置换混凝土加固法主要是针对既有混凝土结构或施工中的混凝土结构,由于结构裂损或混凝土存在蜂窝、孔洞、夹渣、疏松等缺陷,或混凝土强度(主要是压区混凝土强度)偏低,而采用挖补的办法保留钢筋并用优质的混凝土将这部分劣质混凝土置换掉,达到恢复结构基本功能的目的。置换混凝土加固法可使结构构件加固后恢复原貌且不改变原有使用面积,但存在新旧混凝土的黏结能力较差、剔凿时易损伤原结构构件的钢筋、湿作业工期长等缺点。置换混凝土加固法工艺流程如图4.5所示。

3)粘贴钢板加固法

粘贴钢板加固法是指在混凝土构件表面用结构胶粘贴钢板,使钢板和混凝土粘接成整体共同工作,从而弥补原结构配筋的不足。该方法主要适用于混凝土受弯构件(如框架梁、板等构件)的加固。粘贴钢板加固法有着设计简单、施工方便且加固后对原结构外观和原有净空无显著影响的优点,但也有易发生剥离破坏、施工质量较差、对环境要求严格等缺点。粘贴钢板

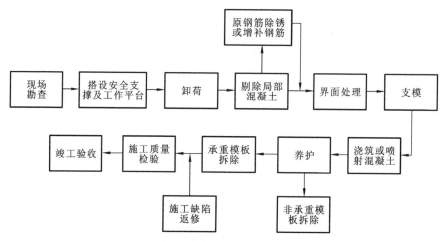

图 4.5　置换混凝土加固法工艺流程

加固法工艺流程如图 4.6 所示。

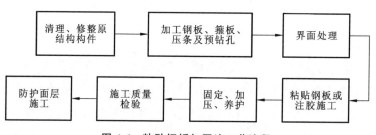

图 4.6　粘贴钢板加固法工艺流程

4）粘贴纤维复合材料加固法

粘贴纤维复合材料加固法是指采用高性能胶黏剂将纤维布粘贴在建筑结构构件表面,使两者共同工作,从而达到对建筑物进行加固、补强的目的。粘贴纤维复合材料加固法具有可用于不同形状的构件、成型方便、施工方便、轻质高强、对原结构不产生新的损伤、耐热性好、耐化学腐蚀等优点,但对使用环境及施工工艺要求较高。粘贴纤维复合材料加固法工艺流程如图4.7 所示。

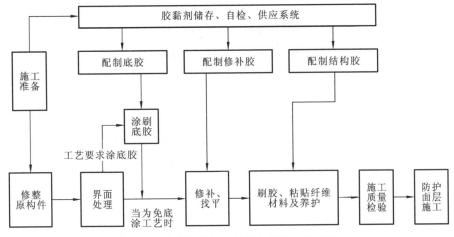

图 4.7　粘贴纤维复合材料加固法工艺流程

4.3　新增结构韧性解构

4.3.1　现状梳理

旧工业构筑物再生利用时,仅靠对其既有结构的修复、翻新和加固等,还不能完全满足新的使用功能需求,还需要根据再生利用模式类型和功能需求,适当地在既有结构的基础上新增结构,在保留其所包含的历史性的同时融入与时俱进的现代性。对于新增结构来说,影响其韧性的主要因素有设计因素、施工因素、运维因素等方面。

1. 设计因素

设计一方面受到政策导向、认知能力、技术水平等限制,另一方面受到设计人员经验不足的影响,使得结构留下缺陷和隐患。例如,有些项目片面强调节约原材料,降低成本,导致结构被"抽筋扒皮",造成结构质量下降。再如,有的设计人员由于缺乏相关经验,导致结构设计存在隐患,进而带来安全问题。

2. 施工因素

若旧工业构筑物再生利用项目新增结构的施工管理水平不佳和施工人员的素质参差不齐,会使得对新增结构的过程控制与质量安全保证制度不够健全;对新增结构施工的重视和投入不够,会导致施工质量存在问题,使得部分既有结构存在的安全隐患较为严重。

3. 运维因素

由于受到各种自然因素或人为因素的影响,无论是既有结构还是新增结构,在使用过程中都会发生一定程度的损伤和破坏。目前很多项目在运维过程中存在对结构关注较少、管理效率较低、信息化水平较低等问题,导致建筑出现年久失修、问题堆积等现象。

4.3.2 提升策略

1. 结构延伸

结构延伸是将既有结构和新增结构视为整体,最大限度地发挥结构的承载力,并且新增结构能够减少对既有结构的水平及竖向荷载。结构延伸方式主要分为竖向结构延伸、水平结构延伸和悬挑结构延伸。

1) 竖向结构延伸

竖向结构延伸是指在既有结构具有良好的竖向承载力时,将上层建筑物用作竖向扩展的基础进行加建,从而形成新旧结构联系。竖向结构延伸通常采取悬挂轻质结构的方式来避免产生更多其他荷载,如图4.8所示。例如,上海艺仓美术馆更新后的展厅比原有的煤仓结构扩展了更多的展览空间,为了更有效地组织和减少对原有煤仓结构的破坏,展厅在顶层框架柱处搭建出一组巨型桁架,然后利用这个桁架层层下挂,横向楼板一侧垂直悬挂,另一侧垂直支撑原有的煤仓,既实现了煤仓作为展示空间的流线组织,也构建了原本封闭的筒仓所缺少的开放性联系,如图4.9所示。

2) 水平结构延伸

水平结构延伸是为了提升横向利用空间,在既有结构中加建水平结构,使其与既有结构相互联系,如图4.10所示。例如,上海灰仓艺术馆增设的悬挂结构将原有建筑包围起来,在原先独立的3个灰罐中增设2个景观结构平台,使其连接成统一的整体,如图 4.11 所示。

图 4.8 竖向结构延伸

图 4.9 上海艺仓美术馆

图 4.10 水平结构延伸

图 4.11 上海灰仓艺术馆

3)悬挑结构延伸

悬挑结构延伸是基于既有结构的特殊设计需求在外部新增悬挑结构,如图 4.12 所示。例如在原筒仓外设置悬挑支撑结构,在增加建筑外立面丰富度的前提下,可以提高特殊结构形态美感。悬挑结构多采用增加结构支撑点或独立悬挂的形式,对既有结构影响较小。例如,在上海民生码头 8 万吨筒仓再生利用项目中,通过外挂一组自动扶梯结构,把人流从三层直接引到顶层,使得参观人群获得了极佳的景观视线和参观体验,如图 4.13 所示。

图 4.12　悬挑结构延伸

图 4.13　上海民生码头 8 万吨筒仓

2. 新构置入

新构置入是指将新增结构置入既有结构体系后可以提高空间利用率，从而对既有结构进行加固和补充，如图 4.14 所示。新构置入主要适合原有空间不受限制、基础结构承载能力较好的结构体系，一般都会选择比较独特的结构形式来进行改造。例如，上海油罐艺术中心在废弃油罐的内部置入了各种不同的结构，并使其与既有构造缝脱开，如图 4.15 所示。

图 4.14　新构置入

图 4.15　上海油罐艺术中心

3. 部分替换

部分替换是指在既有结构中某个部分损伤严重的情况下，可将该部分拆除并置入新的结构,最终形成新的结构体系,如图 4.16 所示。例如,将群仓中某个损伤严重的筒仓拆除并置入新的结构。比利时韦讷海姆筒仓公寓就采用了新的方形筒仓代替原来 2 座未完工的筒仓,新的水泥建筑体块与原有的筒仓结合在一起,形成了一个新的混凝土核心筒结构,如图 4.17 所示。

图 4.16　部分替换

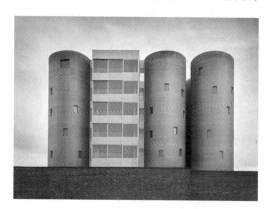

图 4.17　比利时韦讷海姆筒仓公寓

5

旧工业构筑物再生利用文化韧性解构

5.1 文化韧性解构基础

5.1.1 文化韧性内涵

1. 文化

1）工业文化

目前我国城市建设从发展初期的大拆大建逐步转向关注文化内涵、营造场所精神。工业文化作为人类社会的一种文化现象，与工业发展共生共存。2016 年，工业和信息化部、财政部发布《关于推进工业文化发展的指导意见》(工信部联产业〔2016〕446 号)，明确了工业文化在城市发展中的重要性，并提出相关指导思想、目标、任务和举措等，以推动工业文化的传承与发展。旧工业构筑物是工业文化的重要载体，是工业文明发展的烙印，承载着人们对城市发展过程的记忆，对其进行保护与再生利用具有重要意义。

早期国内外对于旧工业构筑物的再生利用基本依附旧工业建筑进行改造更新，现如今旧工业构筑物本身的再生设计也逐渐得到重视，一些价值高、保存好的特殊旧工业构筑物得以进一步利用。例如，上海世博园中原南市发电厂烟囱、沈阳铁西水塔，如图 5.1 所示，均通过空间重构、功能置换、外形重塑等方式得以再生利用。

由王新哲、孙星、罗民所著的《工业文化》一书，将工业文化的含义划分为广义、中义、狭义三个层次。从狭义的角度来说，工业文化伴随着工业化进程而形成，包含工业发展中的物质文化、制度文化、精神文化。旧工业构筑物将科学技术、制造工艺、文化艺术融为一体，属于工业物质文化。旧工业构筑物所体现的文化底蕴便是其存在和发展的内核。将工业文化传承融入旧工业构筑物再生利用中，可重塑场地精神，塑造区域经济特色，也可使人们认识到其中的丰富内涵，增强旧工业构筑物周边居民的身份认同感，并让他们积极投身于旧工业构筑物的保护与再生利用，助推旧工业构筑物成功转型。

(a)   (b)

图 5.1 旧工业构筑物的再生利用

(a)上海世博园中原南市发电厂烟囱；(b)沈阳铁西水塔

2）文化再生产

20 世纪 70 年代,法国社会学家布迪厄提出"文化再生产"理论,该理论阐释了社会文化的动态发展历程。一方面,文化不是一成不变的稳定存在,而是通过"再生产"以新的形式重新出现并延续下去,推动社会文化的发展。另一方面,被"再生产"的文化也并非是单一稳定的,而是时空之内多种力量相互作用所衍生的不同结果。从旧工业构筑物再生利用的角度来看,其文化不会通过简单的保护与修复得到延续,而应对其内生文化进行挖掘、剖析,通过再组合、再加工、再创造,以更具有活力的形式重新呈现,"挖掘—加工—呈现"的过程就是旧工业构筑物再生利用文化韧性的表现。

2. 文化韧性解构

文化是一个错综复杂的总体。从表现形式来看,文化由物质文化和非物质文化组成。再生利用是指原有物质文化和非物质文化在新的时代背景下焕发新的生机。文化韧性解构不仅包括了对文化的继承、传播,更包含对文化的创造性发展。旧工业构筑物文化韧性解构是指充分考虑原有的文化环境与空间环境,对旧工业构筑物所蕴含的工业文明和城市记忆进行深层次挖掘,并加以合理利用与发展。

工业历史是近代文明的一部分,它延续了城市的文脉,承载着城市的历史,折射出城市的发展轨迹。旧工业构筑物再生利用就是对旧工业构筑物进行再构建,是基于原有构筑物的结构特性和文化品质进行的二次设计和建设,捕捉旧工业构筑物的原有价值,对其加以利用并转化为未来的新活力。

旧工业构筑物是人类发展进程中重要的文化载体之一,它从物质与精神两方面承载着某一时期人类文明的社会形态、生产方式等,是工业技术、生活和精神文化的活化石。旧工业构筑物不管是被废弃,还是仍在使用,都无声地承载着工业文化,展示着工业历史,表现出与工业文明、社会文化的适应性和相似性。

旧工业构筑物再生利用文化包括两个方面的内容:一是从物质方面看,包括辅助生产设备、厂区内铁轨等人为空间实体;二是从精神方面看,指通过空间环境实体体现出来的构筑物理论、构筑物美学、构筑物价值及构筑物哲学的综合体,如图 5.2 所示。

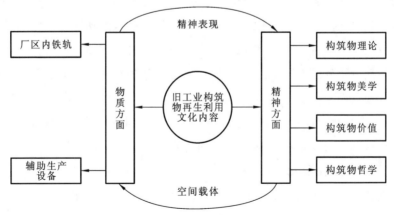

图 5.2　旧工业构筑物再生利用文化内容

5.1.2　文化韧性特征

1. 与城市文脉密切相关

城市更新作为一项持续性的、渐进式的改造工作,既需要保护与传承优秀文化,也需要创造新的文化空间来激发城市活力。旧工业构筑物再生利用不能只将旧工业构筑物视为纯粹的物质载体,依靠物质再生,而更应重视旧工业构筑物自身所具有的文化内涵。工业文明和工业记忆都是旧工业构筑物再生利用的驱动力和出发点,也是城市文脉的重要组成部分。通过文化创意促进旧工业构筑物的适应性再生利用,应坚持以文化带动的原则,保留并延续历史文脉,将其重新设计以满足公众新的需求,推动地方文化韧性升级,提升城市整体文化形象,驱动文化旅游业的发展。

2. 促进旧工业构筑物再生利用

旧工业构筑物为文化韧性提升提供了发展的物质载体。我国大部分旧工业构筑物是在19—20世纪建造,是在城市扩张和经济发展过程中形成的,具有强烈的时代特征和艺术特征,对文化和创意行业具有很强的吸引力。旧工业构筑物的施工技术、建造技艺、使用材料以及不同历史阶段的施工工艺和生产能力,也在一定程度上体现出那个年代人类工艺技术水平的发展历程。其背后的科技内涵和历史意义,具有值得深入挖掘的独特文化底蕴,为创意产业、创意生活、创意科技孕育了良好的土壤,改造空间巨大。例如,首钢园西十筒仓就是当时的工艺与美学价值的表现,筒仓自身特有的文化环境,对创意产业来说具有强大的吸引力,如图5.3所示。

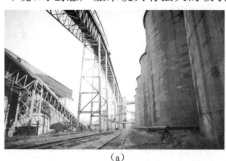 

(a)　　　　　　　　　　　　　　(b)

图5.3　首钢园西十筒仓改造

(a)改造前;(b)改造后

3. 促进区域可持续发展

很多旧工业构筑物在城市中占有较好的区域位置,在转型过程中,旧工业构筑物既能与区域功能空间相互渗透,也能与城市的其他功能空间相互补充。恢复旧工业构筑物的文化底蕴,延续该地区的历史文脉,激活城市公共空间,对区域的发展具有重要的促进作用。再生利用所营造的文化氛围逐步成型,也会吸引更多的创作群体来到这里,对当地经济的可持续发展是非常有益的。在工业文化的带动下逐步建立起完善的产业链,从而促进区域内的产业集聚。

5.2　文化韧性解构

5.2.1　解构意义

我们在调研中发现,很多旧工业构筑物只是通过简单的结构加固后原地保留,没能很好地对其文化内涵(例如生产工艺、历史事件等)进行挖掘和展示,简单的加固保留可能会使其渐渐失去活力,最终被人们遗忘。例如,西安"大华·1935"项目东南角入口处的防空洞,本是大华纺织厂在第二次世界大战时多次遭日军轰炸依然坚持生产的佐证,人们可以通过其感受到纺织厂工人不畏艰险、支援前线的奋斗精神。如今的防空洞除了一块介绍铭牌,并无其他保护措施。还有一些将机械设备拆卸后得到的齿轮、管件等再生利用而成的景观小品,表现出较强的艺术创意与工业氛围,但其本身的工艺文化、人文气息却随着设备的拆解而消弭了。整个防空洞冰冷、坚硬的特点更是与原先的"纱""布""棉"等生产主题背道而驰。这种对"旧"元素缺少甄别的简单堆砌、主题营造不明确会给外界传递出旧工业构筑物再生利用不过是"旧零件重组"的同质化印象,使原厂区内涵丧失了文化特性。

在旧工业构筑物再生利用中,文化价值的保留、阐释和展示是文脉延续的关键。旧工业构筑物是工业记忆的重要载体,通过以文化价值为核心的再生利用,可以保持旧工业构筑物原有的物质空间形态和结构纹理,结合现代技术手段整合场地情况,保护和突出构筑物、结构、设备等之间的关系,使旧工业构筑物承载的历史信息包括的科技价值、工艺价值和文化价值等得以顺利传承,体现出附着在物质载体之上的精神意蕴。对文化韧性进行解构就是去挖掘旧工业构筑物深层次的文化内涵,并通过适当的方式进行传承和创新,唤醒人们的历史记忆,对城市地域文脉的延续具有深远的意义。

旧工业构筑物不仅具有功能意义,还具有空间结构独特、构件设计精密、形态优美的特点,蕴含着当时先进的科学技术,时代特征鲜明,富有历史厚重感,具有独特的审美价值,既满足了工业时代生产的实际需要,又满足了人们的审美需求,融实用价值与审美价值于一体。旧工业构筑物一般存在年份不短,许多老一辈人对其有深厚的感情,对旧工业构筑物进行再生利用可以使得附近的居民在获得休闲娱乐空间的同时,对厂区的情感也有寄托之所,相比直接拆除重建,既满足了经济与文化发展的需求,也体现出人文关怀。

结合旧工业构筑物自身的特点,灵活划分和运用其内部空间,再生利用后其独特性可以吸引文化创意创新型企业入驻,所产生的经济效益可以带动城市的经济发展。同时,文化创意产业的无污染与可持续也符合绿色、健康、可持续的发展理念,响应国家号召。

5.2.2　解构原则

1. 底蕴传承共生性原则

旧工业构筑物再生利用不仅要保留原有构筑物,还要赋予原有空间新的生命力,这就需要使再生利用场地内的新旧元素共生,为场地内旧工业构筑物赋予新的活力。共生性原则意味着历史与现代的相互碰撞与融合,实现二者的有机结合是推动旧工业构筑物再生利用的重要举措。著名作家冯骥才说过:"从城市保护的角度看,文物与文化不是一个概念。"旧工业构筑物的保留,并不直接等同于文化的保留。文化不能简单通过模仿、复原去表现,单纯的保留和修复往往难以最大化旧工业构筑物的文化价值。通过对旧工业构筑物及其内生文化的剖析、解析、重构,结合时代特征和主流价值观的需求,对其蕴含的文化进行再加工、再创造,塑造旧工业构筑物特有的文化,从而使旧的事物重新鲜活、完整地被新时期的人们所接纳、了解。

城市是动态发展的,不同的历史阶段呈现出的文化形态是不同的,旧工业构筑物再生利用既需要体现时代性,又需要体现多元性。随着社会经济形态和科学技术的进步,旧工业构筑物中能够代表时代先进性的元素将被保留。多元性的文化氛围和物质空间能够增加场所的活力,通过塑造极富时代感、信息丰富的外部空间,场所的魅力将得到更好的体现。

"传承"一词中"传"字在《辞海》中的释义为"传送、传递","承"字的释义则为"继承、继续"。旧工业构筑物再生利用文化的传承,不仅需要横向地从一个区域传播到另一个区域,更应该强调纵向地从一个时期传递到下一个时期。在纵向传递的同时,还需注意文化不是孤立存在的,它是一个地区、一个民族思想和文明的反映。因此,旧工业构筑物文化的传承性表现在传统文化与新兴文化衔接时要完整、稳定地延续。

2. 动态可持续原则

旧工业构筑物再生利用需要遵循动态可持续的发展理念。动态可持续就是在再生利用时不仅要符合当今时代的发展轨迹,还要为未来考虑,注重再生利用项目是否满足未来发展以及功能需求。尤其在有文化价值的旧工业构筑物的再生利用设计中要从未来出发,全局考虑再生利用发展脉络,延续其文化底蕴,传承其工业文脉。因此动态可持续原则代表着旧工业构筑物再生利用要对历史负责、对现在负责、对未来负责,这也是文化再生产过程投射在再生利用中的具体展现。

旧工业构筑物的文化构建,并非是靠老厂房、老物件的一味堆砌就能做到的。不经甄别的陈设不仅无法达到对文化价值的体现,反而会在其影响下失去独有的文化特性。对旧工业构筑物的文化内涵进行深入分析,针对其自身具有的独特魅力设置主题,以此为基础展开再生模式、再生利用目的、修复策略的甄选,才能赋予再生项目长盛不衰的活力。

3. 突出本体特征的原则

旧工业构筑物本身是再生利用的基本物质基础。在适当保留有价值的旧工业构筑物的基础上,尽量尊重构筑物原有本体,以保存原有的基本特征。旧工业构筑物的独特性与唯一性使其在工业遗产中独树一帜,再生利用时应根据旧工业构筑物的突出特点采取合适的再生利用策略,注重旧工业构筑物与历史文脉的关系,以突出旧工业构筑物的文化特征,打造有特色、有意义的旧工业构筑物再生利用项目。

例如,在首钢园筒仓再生利用项目中,为满足新的功能与空间需求,在筒仓内部新增了钢结构框架体系,与原有筒壁共同起支撑作用,这样既保留了筒仓原有的基本形态,又实现了空间的再生利用,如图 5.4 所示;在陶溪川陶瓷文化创意产业园再生利用项目中,其内部烟囱保持原有的基本形态,成为整个陶溪川片区的景观标志物,如图 5.5 所示,依靠其建设的小广场也成为人们开展文艺表演与聚会的绝佳场地,广场上的参观者上演着现代生活的故事,为园区增添了无限活力。

图 5.4　首钢园筒仓再生利用　　　图 5.5　陶溪川陶瓷文化创意产业园烟囱

4.保护历史文化原真性的原则

历史真实性由旧工业构筑物历史文化脉络浓缩沉淀而来,是旧工业构筑物再生利用文化韧性解构的重要影响因素。因此,应努力挖掘旧工业构筑物的历史文化脉络,无论是构筑物风格演变,还是产业发展,都应尽可能还原当时的情景,展现旧工业构筑物特殊的历史文化积累过程。对于与旧工业构筑物有关的文献资料、工艺流程、场地环境等应给予关注,尽可能全面地去展现其历史概况,将旧工业构筑物以更加真实的姿态展现于现代生活中,从而增强人们体验的真实性,增加人们对历史的认识。在一向重视历史真实性的博物馆建设中,以旧工业遗址为基础建立起来的工业遗产博物馆,对旧工业构筑物做了较好的保护。这种露天的博物馆形式,不仅对工业构筑物物质实体进行了保护,同时也对相关的文化精神和历史传统进行了保护,为参观者提供了互动与体验的场所,开辟了新的城市公共空间,让人们在观看有形遗产的同时,也对无形遗产——工业文化和历史背景有所了解,从而对那些曾在人类文明发展史上产生过重大影响的工业文明有更为深刻的认识。

旧工业构筑物独特的历史文化气息是场地内极具价值的元素之一,因此在旧工业构筑物再生利用过程中对旧工业构筑物进行原真性的保留会极大地提升再生利用项目的历史底蕴与社会价值。旧工业构筑物蕴含的文化、历史、美学价值远大于其再生利用后带来的经济价值,因此需要真实地保留旧工业构筑物的空间、形式、材料等元素,尊重其原有的生命痕迹与历史印记。但原真性保留并不是保守的"福尔马林式保护",而是将场地内所要传递的历史文化信息,通过适当的保留方式并选取合适的尺度,有选择性地使最真实、最完整的历史文化元素传承下来,并在再生设计中真正地延续下去。

5.3　文化类型解构

阿莱达·阿斯曼在其《回忆空间——文化记忆的形式和变迁》一书中,把可以储存文化记忆的媒介分为文字、图像、身体和地点四类。他认为,文化记忆除了储存在大脑中,便只能依附于某一物体而保留,这也说明了在特定的时间和地点,文化记忆的符号式表达也会有特定的形式。记忆是主观的,场所也是主观的,记忆与场所需要客观存在的历史与空间去互动。尽管随着社会进步和科技革新,部分旧工业构筑物已经失去了原先的功能,但其特殊的形体、空间形式以及结构形式有极强的可塑性,并且旧工业构筑物遗留下的历史痕迹与工业符号等能够激发人们的认同感。

5.3.1 历史文化

回顾历史,可感受到它的鲜活和厚重;面对未来,却又会感受到历史的记忆与延续。旧工业构筑物在形态、结构、空间等方面表现出特有的工业美学,同时也是某个时期内先进的思想和技术成果的体现,其作业流程的复杂性和特殊性,为发掘该时期先进的工业技术提供了依据。特殊的工业结构与其他的生产设施结合在一起,构成了一批劳动者的生活场景和记忆,体现了人们艰苦创新的奋斗精神,也是了解那些能够承载文化并传递文化活性的事件或行为的重要资料。旧工业构筑物所具有的独特历史内涵和气质,形成自身的工业特色与工业精神,是整个工业时代留给我们的宝贵精神财富。历史文化价值既可以是通过物质(即空间环境实体)体现出来的建筑理论、建筑美学及建筑哲学等,也可以是一个历史故事、一个标语、一个口号,如图 5.6 所示。

 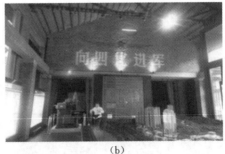

| (a) | (b) |

图 5.6 历史文化的展现

(a)炉渣运输轨道;(b)墙上标语

5.3.2 社会文化

旧工业构筑物是见证工业生产和城市发展的物质载体,是一代工人的精神寄托,承载着人们对城市、区域的记忆,包含着丰富的感情,记录了那个时代的工业社会发展痕迹。将文化情怀与回忆联系在一起,合理地加以保护与再利用,既是对工业社会的一种物质保留,也是对工业场所和生产场景的一种记忆展现,能够增强城市居民对地区的文化认同和情感共鸣。同时,若再生的手法得当且独特,还可以形成城市的文化新地标,起到通过文化带动片区发展的作用,如图 5.7 所示。

图 5.7 文化地标——维也纳"煤气罐城"

北京首钢园前身为中国最早的大规模近代钢铁企业之一,承载着许多北京人在工业时代的美好记忆。2016 年经过再生利用,原来储存炼铁原料的筒仓变成冬奥组委会办公区,三高炉也成为办公展览复合空间,如图 5.8 所示,唤起了劳动人民心中的历史记忆,具有极高的社会文化价值。

(a)   (b)

图 5.8 北京首钢园旧工业构筑物的绿色重构

(a)绿色重构后的首钢园三高炉外部;(b)首钢园内筒仓办公空间

5.3.3　工艺文化

旧工业构筑物的结构形态彰显出其特殊的功能,如双曲线型的冷水塔、并排的筒仓等,见证了某一年代工业制造的科技水平,展示了工业生产设备、流程、工艺的变化与发展,是大工业时代生产技术的集中体现。构筑物从材料和结构的选择到立面肌理的表达,显示出结构的合理性与工艺技术的先进性。相对于工业厂房建筑,工业构筑物具有更加明显的工业烙印,承载着更多的生产元素。工业构筑物还蕴含着丰富的科学价值,记载了技术的变革和工业的进步,对材料学、机械学、建筑学、考古学等多学科均具有重要的参考价值。

工业生产流程也是工艺文化的一部分。生产流程包含了与生产活动有关的流线以及与生产流水线有关的路径,前者与进行生产活动的人关联,后者是物料输送状态的呈现。完整的生产线由生产流线、所需的各种设备以及输送物料的运输设施共同组成,反映了工业构筑物作为生产空间时特有的状态。许多工业构筑物在工艺流程上有很高的技术价值。在生产工艺与技术层面,一些生产线遗留下来的工艺流程较为完好地展示着工业时期的技术特点,是研究、保护和恢复工艺技术的重要物质依据。例如,筒仓是一种特殊的仓储类构筑物,其工作逻辑是将物料通过工作塔架运送至输送带,然后通过输送带传送至筒仓的进料口,从进料口进入筒体内部后通过漏斗状的排料孔进入储罐底部,在储罐底部设置卸料器传送带,进行物料的运输和储藏工作。工业构筑物特殊的工艺流程在工业生产中是非常少见且独特的,独特的工艺技术逻辑造就了与众不同的构筑物形体,也造就了具有再生利用价值的工业构筑物。此外,有些工业构筑物记载了科学技术发展的重大变化,同时也保留了与之相关的工艺、材料和设备,这些都具有很高的科学价值。不同时代的工业构筑物蕴含着不同的设计、结构、材料与施工工艺,其技术发展历程也具备很强的参考价值。

例如,在首钢园中,西十筒仓区的工业遗产最丰富,也是炼铁前期工艺最热闹的阶段,整个遗产建筑以及连接它们的运输桁架都被原址保留,其本身就是一个完整的炼铁原材料经收集、输送、筛选,最终送往三高炉炼铁的过程写照,如图 5.9 所示。

图 5.9   北京首钢园保留的运输桁架

5.3.4   景观文化

旧工业构筑物独特的建筑造型、抽象的几何形态和多样的材质结构,使其在城市中与自然风貌形成了鲜明的对比,能够创造出独特的环境氛围和景观。在城市快速发展的进程中,对旧工业构筑物再生利用正是赋予其新生命的开始,激发旧工业构筑物潜在的活力与生机,使其对周边区域产生一种连带作用,带动区域经济和文化的发展。这是对城市发展有形的历史片段的保护,也是对城市精神的一种重塑。

在由德国杜伊斯堡市梅德里希(Meiderich)钢铁厂重构而成的北杜伊斯堡景观公园中,设计师巧妙地将高架步行系统与旧工业构筑物相结合,包括许多大型的通风管道、部分筒仓以及冷却塔中的部分构件,为参观者提供了独特的观赏视野,如图 5.10 所示。卡斯尔菲尔德(Castlefield)高架桥由铸铁和钢材制成,曾经用于运送货物进出曼彻斯特,现已改造成面对公众开放的绿色空间,再生的高架桥还将作为通往曼彻斯特南部其他绿地和景点的门户,步行或骑自行车均可探索,增加了公园的文化价值,如图 5.11 所示。

意大利米兰由旧水塔改造成的彩虹塔,在原塔身上覆盖了 10 万块五彩的瓷砖,用色彩将艺术和建筑连接在一起,成为米兰色彩和创造力的特色象征,并逐步成为一个地标构筑物,如图 5.12 所示。

图 5.10　北杜伊斯堡景观公园夜景

图 5.11　卡斯尔菲尔德(Castlefield)高架公园

（a）

（b）

图 5.12　彩虹塔

(a)水塔近景；(b)水塔远景

5.3.5　绿色文化

有很多闲置的旧工业构筑物结构状态良好,在抗震、抵御灾害等方面表现出较强的能力;还有一些旧工业构筑物给排水、电力设施较为完善,且具有工业遗迹历史价值,若将其拆除,需要投入大量人力、物力、财力,而且会产生建筑垃圾污染环境。如果对这些旧工业构筑物进行再生利用,不仅可以提升构筑物自身的价值,节省资金投入,带来经济效益,还能够减少对环境的污染,更能保留城市化及工业化的历史印记。此外,在旧工业构筑物再生利用中,集成低能耗围护结构、自然通风、自然采光、绿色建材、新能源利用、中水回用及绿色装置等多种高新技术,使构筑物通过技术植入实现了绿色生态的效果。

　　绿色文化还体现在不将某一幢构筑物作为独立设计对象,而是放眼于一定区域范围之内,基于总体规划的角度,参照场地的基本条件、地形地貌、水文地质、气候条件、动植物生长状况等多方面情况,进行绿色规划设计。荷兰新莱克兰水塔改造项目是生态恢复与景观融合较为突出的改造案例,如图 5.13 所示。建于 1915 年的水塔坐落于新莱克兰村外的一座堤坝上,塔上的景观视野极佳,改造后的水塔变身为一个舒适的居所。两个居住单元各自有其独特的户型设计,朝向由其独特的景观决定,且构造和布局都与景观契合。设计师为了彰显水塔建筑的特殊性,将立面上的菱形窗户保留,新规划的开窗围绕着菱形小窗排布,开口的位置则根据住宅的平面功能确定。

(a)

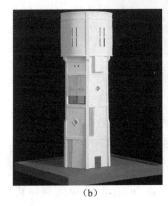

(b)

(c)

图 5.13　新莱克兰水塔改造

(a)水塔外观;(b)设计细部;(c)室内景色

5.4 文化韧性提升策略

5.4.1 资料的收集分析

工业文件资料不仅是工作记录,而且是科技和产业发展的历史性见证,包括文章、视频、图片、期刊、科技图书(丛书)、研究报告、路线图、手册、标准等,如图5.14所示。整理和挖掘不同历史阶段工业文件资料中某些宝贵的信息和材料,既能为研究工业文化提供珍贵的财富,也能为工业技术发展历程提供见证。工业文件资料包括:

① 企业在工业生产活动以及经营过程中直接形成的文件,其反映了企业的生产情况和活动职能(如厂房、设备、产品仪器等);

② 工业遗产申请过程中所产生的"工业遗产申请文件",按其产生的时间,又可进一步划分为申请前的文件和申请期间的文件;

③ 工业遗产申请通过后,为维护、管理、发展工业遗产所产生的各类文件资料。

(a)　　　　　　　　　　(b)　　　　　　　　　(c)

图5.14　工业遗产的文献记录

(a)地方工业志类;(b)年鉴类;(c)故事征集类

口述史记录也是一种非常有价值的材料。在很多体现工业生态学、工业社会学等内容的实物消失且工业文件资料匮乏的情况下,工业口述史材料就变得弥足珍贵。由当事人或家属所描述的亲身经历,可以为后世的人们更好地理解历史的真相作出贡献。资料收集分析可以帮助设计者更好地提取旧工业构筑物及其场地的文化要素,并选取合适的方式进行展现。

5.4.2　场所记忆的塑造

1. 营造历史氛围

旧工业构筑物再生利用首先要坚持的就是场地的工业历史性,使人们在游玩观赏的过程中,对过去的工业场景进行回忆,对场地产生认同感和归属感。旧工业构筑物历史氛围的营造方法具体包括旧工业构筑物的保留和工业生产场景的重现两种。

1) 旧工业构筑物的保留

旧工业构筑物本身就具有工业美感和历史美感,同时也是新中国社会主义工业化发展的标志,经过几十年甚至上百年的发展,几代人艰苦奋斗历程的真诚和壮美沉淀为旧工业构筑物的沧桑历史,是人们弥足珍贵的记忆。旧工业构筑物是历史时空的物质载体,向人们展现了工业生产的进程、工业生产的技术以及当时人们的生活,承载着人们对工业遗址的历史记忆。旧工业构筑物外观本身携带的历史厚重感以及用钢铁、水泥、砖石装饰外立面呈现出来的灰白主色调,作为物质遗存直观地对人们产生视觉刺激,对园区历史氛围的营造有着直接的影响。例如,国内规模较大的电竞主题专业产业园——西安量子晨数字娱乐双创产业园内的水塔和烟囱,保留水塔的骨架结构并将其做成镂空状,营造赛博朋克的氛围;保留烟囱的红砖表面,给街区营造浓厚的历史氛围,如图 5.15 所示。

2) 工业生产场景的重现

将工业遗址场地上具有代表性的工业构筑物和工业元素进行收集组合,形成熟悉的时代景观,还原当时的工业生产生活场景,工业生产时期热火朝天的景象仿佛就呈现在眼前,栩栩如生的工业生产画面可以促使人们的历史记忆喷涌而出。例如日本犬岛精炼所美术馆,设计师依托遗存废墟,

（a）

（b）

图 5.15　量子晨数字娱乐双创产业园

（a）水塔；（b）烟囱

整合场地环境，充分利用烟囱的工业属性与自然资源建成烟囱大厅，利用烟囱效应控制整体室内空气流通（图 5.16）。新建建筑采用当地石材与新型材料，与原有遗存形成对话，营造一种新旧建筑彼此融合的环境尺度。

（a）

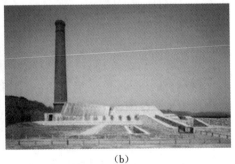
（b）

图 5.16　日本犬岛精炼所美术馆

（a）鸟瞰图；（b）烟囱与新建筑

2. 工业构件再利用

旧工业构筑物不仅具有功能意义，还具有空间结构独特、机器设计精密、机械陈设优美的特点。可以通过展示工业零部件的方式,唤醒人们的历史记忆,让参观者仿佛身临其境,置身于那个工业建设如火如荼的年代,与旧工业构筑物承载的历史文化和体现的精神力量产生共鸣。例如,在西安的老钢厂再生利用项目中,设计师将具有悠久历史的工业零部件进行了展示与再生利用,如图 5.17 所示。

图 5.17 西安老钢厂工业零部件再生利用

工业遗产雕塑是具有一定寓意或象征意义的观赏物和纪念物。利用工业构件不但能够美化外部空间景观环境,提升场景的丰富程度,还能够塑造生动的历史人物形象,渲染工业情感氛围,赞扬工业伟大成就,有助于体现纪念性和场所感。除了雕塑,在设计时指示牌,照明、市政、交通等设施都可以加入工业美学元素,同样可以起到装饰作用,既能与周围环境相辅相成,又可以在不同时间、光照和角度下,带给人们多样的艺术享受,唤起人们多样的历史记忆。可见,基础设施也可结合美学元素进行设计,特色标志与设施是场地设计中必不可少的艺术点缀(图 5.18)。

5.4.3 文化功能的置入

精神文化在现代社会的发展中并不排斥推陈出新,结合文化创意语境,在不丢弃旧工业传统精神文化的前提下,让旧工业构筑物用一种符合时代而又焕然一新的面貌不断发展,是当下旧工业构筑物文化韧性解构的关键。旧工业构筑物的精神文化包括两方面内容:一方面,我国的民族工业经历了

（a） （b）

图 5.18　标志与设施

(a)标志景观节点；(b)站点设施

不同时期的发展,在每个时代都留下了深刻的精神烙印;另一方面,在以往计划经济时期建造的旧工业构筑物(如水塔、烟囱等),外部特征鲜明,使人们产生共同的集体记忆。追求精神文化内涵是新时期旧工业构筑物再生利用文化韧性解构的内在要求,强调以旧工业精神文化再生利用作为推动力与目标,追求重塑文化内涵,提升旧工业构筑物的文化吸引力。

生产路径体验是指在旧工业构筑物再生利用过程中,因功能演替而导致交通路线发生变化,创造出富有趣味性的体验路径。由于旧工业构筑物的建设年代较早,在安全疏散方面还达不到目前规范的要求,因此对具有功能性的交通路线进行重新组织显得尤为重要。对于像筒仓一样比较高的旧工业构筑物,在进行再生利用时,必须要设计竖向交通解决安全疏散问题,保证使用者的安全,其他路径则是在水平方向或景观设计中进行连接和转换的交通路线。体验路径的组织以人的行为和情感体验为基础,在满足功能需求的前提下,结合生产工艺流程进行设计。体验路径引导游客通过连廊、平台、坡道等,连接不同生产环节的空间,增强游客对生产工艺流程的体验感,延续旧工业构筑物的工艺文化。体验路径分为沿用原有流线和新旧流线交织两种,下面以筒仓类旧工业构筑物为例进行说明。

1. 沿用原有流线

沿用原有流线是指在筒仓类旧工业构筑物再生利用中不改变原来的交

通流线。筒仓构筑物本身具有特殊性,将其原有的运输路线塑造成体验路径后,游客可以通过原有路线来体验整个生产过程,从而体会工业场景再现的感觉。在此过程中,游客的身份就是当时的生产者,唯一的不同就是游客无法把自己当作物料,体验从输送机到提升机或进粮口再到出粮口的运输路线。很少有项目在设计流线时完全沿用原有流线,因为功能的改变不可避免地会导致流线的改变,所以完全沿用原有流线的再生利用项目很少。例如,广州啤酒厂筒仓再生利用为设计工作室,该工作室位于麦仓之上,是少数遵循原交通路线的旧工业构筑物再生利用项目之一,这个方案从构筑物形态到结构形式都与传统工业厂房再生利用设计有较大不同。沿用原来的交通流线,很大程度上是因为工作室使用的只是筒仓的上层空间,所以它遵循的是工作塔至上层连廊最终通向筒仓上层的交通流线,如图 5.19(a)所示。

2. 新旧流线交织

新旧流线交织是指在结合新的功能需求、结构需求、景观需求和经济需求后,将原有流线与新流线进行梳理整合的设计手法。例如,在上海民生码头 8 万吨筒仓再生利用项目中,为了适应新展厅的功能需求,设计师在筒仓北面临近黄浦江的一侧加设了一道悬挑扶梯通廊,供游客从三楼直接前往筒仓的顶部,并在首层的走廊里沿着筒壁内侧设置环形楼梯以及透明气缸,透明气缸的上部和下部保持原来的大空间框架,因此这两个空间中的流线可以认为是不变的,在对整体交通空间进行调整后,最终形成了新旧流线交织的交通流线。在二期再生利用项目中,传送带被再生利用成人行阶梯,使整个体验路径更加系统化和完整化,游客的体验将随着路线的推进而变化,空间感受更加丰富,如图 5.19(b)所示。

5.4.4 工艺流程的保护

工艺流程是旧工业构筑物区别于其他历史构筑物最突出的特征。例如,筒仓类工业构筑物由于特殊的仓储功能而具有独特的工艺流程,同时也造就了设备和构件及生产路径的差异性。在探讨工艺流程保护时,对设备和构件重塑是在保持其原真性的基础上进行适当的重塑处理,使设备和构

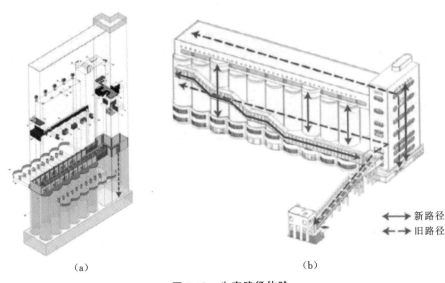

<table>
<tr><td>←→</td><td>新路径</td></tr>
<tr><td>←--→</td><td>旧路径</td></tr>
</table>

（a） （b）

图 5.19 生产路径体验

(a)沿用原有流线；(b)新旧流线交织

件具有历史意义与现实意义；与生产路径相关的交通流线组织规划可以加强人与工业构筑物之间的多维互动。工业构筑物的设备和构件是其存在的必备物质基础，它们赋予工业构筑物生产的现实功能属性。与工业构筑物体量相比，设备和构件的体积一般较小，但其依旧是连接整个生产流程和生产空间的重要元素。设备和构件的重塑方式可以分为纪念性展示、功能性重构和艺术性再造三种。

1.纪念性展示

纪念性展示是将工业设备和构件作为一种对过去生活、生产状况的纪念，通过将其转化为艺术品整体保存并在新的空间中展出，可以让人们直接感受到工业生产场景。例如，在武汉东啤啤酒厂改造为武汉啤酒博物馆的过程中，设计师将酿酒构件进行纪念性展示，这既是对过去那段工业历史的致敬，也是机械文明的一次重生，如图 5.20(a)所示。在纪念性展示中，通常会采用多种方式对这些设备和构件进行修复与保护，其中最重要的方法就是利用各种艺术手段来恢复原有的环境风貌，这种方法通常与完整保存旧工业构筑物一起使用，因为它们是识别旧工业构筑物和唤起旧工业构筑物历史记忆的典型要素。

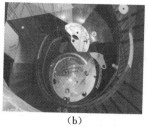

（a）　　　　　　　　　　（b）　　　　　　　　　　（c）

图 5.20　设备和构件重塑

（a）纪念性展示；（b）功能性重构；（c）艺术性再造

2. 功能性重构

功能性重构是指对工业设备和构件赋予功能后的再生利用方式。工业设备的新功能和空间的功能是一致的，而工业构件主要是生产过程中使用的各种构件，虽然已经停止生产，但其工作流程却是工艺文化的延续，对其进行功能性重构能够有效地促进工业设备和构件的再生。例如，在设计江苏园博园"时仓"交通空间中的旋转楼梯时，设计师将齿轮由生产构件再生利用为装饰物悬挂于空中，强化了工艺文化感，如图 5.20(b)所示。

3. 艺术性再造

艺术性再造是指那些被严重破坏的设备可以通过艺术性方式，将"历史"的工业碎片重新组合起来，塑造出新的工艺品形象，即用废弃的工业零件来表现工业文化。例如，武汉啤酒博物馆将啤酒生产构件与喇叭结合后进行艺术性设计并置于筒仓中庭，强化啤酒生产文化氛围，如图 5.20(c)所示。对保存较为完整的设备和构件进行艺术性再造，可以让陈旧的器材以崭新的面貌出现在人们面前。

6

旧工业构筑物再生利用社会
韧性解构

6.1　社会韧性解构基础

6.1.1　社会韧性内涵

社会韧性是指社会结构在遭遇破坏性力量时所能维持有序运行的弹性调整能力,也可以称为社会系统面对外界不确定性或扰动时恢复平衡状态的能力,涉及政治、经济、生活、文化等多个方面。

在对旧工业构筑物进行再生利用时,应当充分考虑再生利用过程中可能存在的各种风险,制定更积极、有效的应对策略,以便更全面、更深层次地为整个城市的社会韧性解构发挥作用。旧工业构筑物再生利用社会韧性解构是指在调研、分析、规划和设计的基础上,使得旧工业构筑物社会韧性系统在外界冲击下具备自适应与持续稳定的能力,仍能保持其原有结构与功能;在遭受外界冲击后能够进行自我调节与自我修复,包括前期预防、应急处理与后期自我修复。

6.1.2　社会韧性特征

随着城市的快速发展与社会的逐渐进步,社会韧性的概念越来越被人们熟知,社会韧性被广泛用于指导公共政策的规划和实施,它与现代社会运行所面临的日益增长的风险密不可分。提高城市自身的修复能力可以降低灾难来临时不同层面崩溃的可能性,并能激发出更大的力量来应对外部的冲击。旧工业构筑物再生利用社会韧性解构主要包括区域发展、社会治理、经济产业三方面。

1. 区域发展

在社会学层面,旧工业构筑物再生利用的区域发展更多的是指构筑物对区域韧性的调节。区域韧性是指一个地区适应压力、变化和灾害的能力。区域韧性的意义在于提高旧工业构筑物所在地区的竞争力,促进该地区的经济发展,维持该地区的社会稳定。旧工业构筑物的再生设计和实际应用必须充分考虑自然环境、经济发展、社会文化和政治制度等因素。旧工业构筑物的区域发展韧性解构与城市韧性密切相关,旧工业构筑物的区域发展韧性离不开城市,城市是旧工业构筑物所在地区区域发展韧性实施的具体形式。

2.社会治理

旧工业构筑物再生利用的社会治理是指旧工业构筑物的社会治理机制在面对不确定性因素冲击时的防御、维稳和适应能力。由政府组织、旧工业构筑物所属厂区自行组织或市场组织,将所有旧工业构筑物划入社会治理范围,以满足人们面对不确定性因素时能够对旧工业构筑物进行有效管理的需求。旧工业构筑物的社会治理韧性解构是指旧工业构筑物社会治理机制能够承受来自市场和环境的冲击或从冲击中恢复,并对其社会和制度安排进行适应性调整,以维持或恢复以前的发展路径,或过渡到一个新的可持续发展路径。

3.经济产业

旧工业构筑物再生利用的经济产业状况可以反映旧工业构筑物应对危机的程度,以及旧工业构筑物所表现出的维持、适应与恢复的能力,有利于阻止灾难来临时的经济风险扩散并能够让产业进行自我修复。旧工业构筑物面对经济危机时所表现出来的经济产业韧性受到多个因素的影响,这些因素共同决定了旧工业构筑物的经济产业系统面对危机时的适应能力。旧工业构筑物的经济产业体系就像一块海绵,主动接纳和吸收干扰,通过优化和调整体系结构来消除障碍,实现经济产业的稳定发展和整体创新,实现经济效益的可持续发展。

6.1.3 韧性解构意义

社会韧性包含以复杂的社会关系为基础的社会关系网络,它不断建立新的社会关系。旧工业构筑物再生利用的社会韧性是政治、经济和历史共同作用的结果。构建高韧性社会,就是构建社会的经济环境、政治环境、社会环境、自然环境与健康环境,如图6.1所示。同样,社会韧性也受到产业结构改变所带来的影响,主要表现在两个方面:一方面,产业结构改变有利于新的社会关系迅速融入旧工业构筑物原有的社会结构,以保持和延续原有的经营环境;另一方面,旧工业构筑物的社会结构通过重建复原力的方式,达到在危机情况下具有一定的自我更新能力的目标,从而维持现有的社会网络。

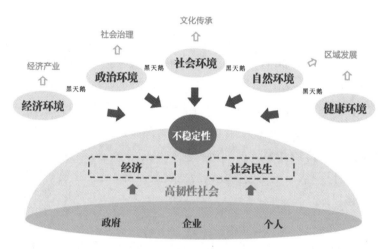

图 6.1　高韧性社会影响因素

旧工业构筑物再生利用的社会韧性是支撑社会系统平稳运行的基础,其对加强治理体系和治理能力建设,对社会可持续发展具有重要意义。我国的经济社会转型面临着不确定性风险,急需加强社会韧性体系建设。旧工业构筑物再生利用社会韧性解构可以整合现有的社会力量,维护和增强社会稳定,从而提高自我修复能力;可以构建综合防御体系,探索新的发展机遇和发展路径,并在紧急情况下发挥抵御冲击的作用,增强凝聚力,提高对工业构筑物本身内涵文化的自我认同感。

1. 整合现有的社会力量

旧工业构筑物是一个复杂多元的概念,通过对旧工业构筑物社会韧性的解构和提升,在旧工业构筑物原址上重建社会复原力,不仅能促进旧工业构筑物物质空间和非物质空间的融合,还能促进现有社会力量的整合。这将对旧工业构筑物各要素产生积极影响,使不同功能区块之间的联系更有意义,营造和谐有序的空间环境,促进旧工业构筑物的可持续发展,进而促进工业文明的可持续发展。

2. 维护和增强社会稳定

旧工业构筑物作为城市的特殊构成要素,与周边相关的要素相互制约、相互影响。在旧工业构筑物再生利用社会韧性解构过程中,不能单独对旧工业构筑物本身进行解构,应以整体的视角来考量旧工业构筑物社会韧性解构与城市各要素之间的关系,使旧工业构筑物社会韧性解构与城市整体的发展战略相契合,促进城市社会健康发展。在社会韧性解构过程中,旧工业构筑物可以形成厂区各功能分区之间、政府和民众之间协作配合的媒介场所,能够快速反应、指挥协作,可以建立高效的响应机制,能够科学决策、精准出击。

3. 提高自我修复能力

旧工业构筑物的社会韧性体现在能承受冲击,快速应对、恢复并保持功能正常,且通过较强的适应性来更好地应对未来的灾害风险,如图 6.2 所示。

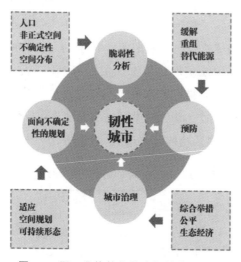

图 6.2 旧工业构筑物社会韧性体现模式

旧工业构筑物自我修复能力的提升包括两方面内容:一方面,在社会生活层面,个体、群体、组织等各类主体之间应加强相互关联,以便在地震、经济危机等情况发生时,可以及时发现问题并调动所需资源,使得旧工业构筑物迅速恢复；另一方面，灾难发生以后，充分依靠社会参与和社会行动，促进旧工业构筑物快速恢复和重建。社会慈善机构、志愿者、社会工作者、社会媒体和自媒体等各界的参与会为旧工业构筑物再生利用社会韧性解构贡献重要力量。

6.2 区域发展韧性解构

6.2.1 现状梳理

旧工业构筑物再生利用的区域发展韧性是一个相对复杂的概念，其定义随着时间的推移不断演变和深化。最开始，研究旧工业构筑物区域发展韧性的学者主要关注微观层面，即关注单个旧工业构筑物、园区以及产业的抗风险能力，思考其对外部环境变化的快速适应能力。随着研究工作的不断推进，人们逐渐开始关注到区域内所有旧工业构筑物群体、大型旧工业构筑物、旧工业构筑物周边空间以及旧工业构筑物与政府的互动、合作和协调过程，并逐步拓展到宏观层面。从宏观层面考虑旧工业构筑物对外部变化的适应能力，以及该地区的治理体系、政策支持、发展战略等方面的影响，并且综合考虑各种内部和外部因素，可以更全面地界定区域发展韧性的概念。

旧工业构筑物周边区域的分类如表 6.1 所示。

表 6.1　旧工业构筑物周边区域的分类

分类	工业用地区	商业服务区	文化创意区	居民社区
配套	制造、加工、物流仓储等企业	零售、餐饮、物流配送等服务性产业，以及各类展览馆、礼堂、大型体育场馆等	融合文化、艺术、设计和生活元素	社区服务、医疗卫生、教育等公共服务中心，以及电子商务、互联网、金融公司

① 工业用地区：以工业园区为主，包括制造、加工、物流仓储等企业，其

与旧工业构筑物本身场地存在一定的重合。

② 商业服务区:以商业设施区为主,包括零售、餐饮、物流配送等服务性产业,同时包括各类展览馆、礼堂、大型体育场馆等。

③ 文化创意区:以文创综合体为主,融合了文化、艺术、设计和生活元素,通过演出、展览、培训和交流等方式,打造具有创意和活力的区域。

④ 居民社区:以居住区为主,配套社区服务、医疗卫生、教育等公共服务中心,并且电子商务、互联网、金融公司也落户在此处。

以上四类空间不是单纯的某一个类型,而是存在相互联系和交叉的情况。例如,在工业用地区内同样可以发展文化创意区或居民社区,商业服务区也可以与工业用地区形成互补和协同。综合规划和发展这些不同类型的区域,可以为城市的转型和升级提供更多的发展空间和机遇。

旧工业构筑物周边区域的特点如表 6.2 所示。

表 6.2　旧工业构筑物周边区域特点

特点	土地资源相对集中	交通和基础设施便利	历史和文化底蕴丰富	存在环境污染和安全风险
改造目的	更好地利用和整合这些资源来满足不同行业的需求	为未来的转型升级提供更多的便利条件	延续城市的历史和文化,增强区域的吸引力与活力	加强对环境污染的治理和安全隐患的排查,以确保区域能够安全、可持续地运营

① 土地资源相对集中:由于旧工业构筑物通常位于城市中心或者城市发展相对成熟的区域,因此其周边的土地资源比较集中,可以更好地利用和整合这些资源来满足不同行业的需求。

② 交通和基础设施便利:由于这些区域曾经用于工业生产,因此交通和基础设施的配套相对完善,包括道路、电力、供水等,这也为未来的转型升级提供了更多的便利条件。

③ 历史和文化底蕴丰富:旧工业构筑物的解构伴随着城市的发展历程,具有较高的历史和文化价值。在规划和开发过程中,可以通过保留和改造

这些旧工业构筑物,延续城市的历史和文化,增强区域的吸引力与活力。

④ 存在环境污染和安全风险:旧工业构筑物可能会带来环境污染和安全风险,例如土壤污染、化学品泄漏等,这需要在规划和开发过程中加强对环境污染的治理和安全隐患的排查,以确保区域能够安全、可持续地运营。

首先,对旧工业构筑物周边区域的合理规划和开发,可以带来显著的经济效益。这些旧工业构筑物往往占据着城市中宝贵的土地资源,如果能够通过规划和开发将这些废弃的土地转化为具有经济价值的空间,将为城市带来可观的经济收益。其次,对旧工业构筑物周边区域的合理规划和开发,有助于提升城市的环境品质。这些旧工业构筑物因为历史遗留问题,对周围环境造成了一定的污染和破坏。通过合理的规划和开发,可以改善这些区域的环境状况,增加绿地面积,提升城市的美观度和宜居性。最后,对旧工业构筑物周边区域的合理规划和开发,还有助于推动城市的可持续发展。随着城市化的不断推进,土地资源日益紧张,如何合理利用和保护土地资源成为城市发展的重要课题。通过对旧工业构筑物周边区域的规划和开发,可以促进城市的更新和升级,实现土地资源的可持续利用。

旧工业构筑物再生利用的区域发展韧性内涵,通过经济、社会和环境三个方面的解构展现出多维度的含义。在推进旧工业构筑物再生利用的过程中,需综合考虑以下三个方面的因素,促进地区整体发展和可持续繁荣。

1. 经济因素

旧工业构筑物再生利用可以提升地区的经济韧性,有助于改善城市环境和推动可持续发展。通过再生利用废弃的工业构筑物,可以减少对新土地资源的开发,减轻对自然环境的压力,实现资源的节约与循环利用。针对旧工业构筑物重新打造的功能空间也能吸引更多的企业和投资者入驻,在提升竞争力的同时带动区域经济的多元化发展。经济的多样性和活力将增强地区经济的抗风险能力和可持续发展能力,为区域增添新活力,建设更具韧性的城市。

2. 社会因素

旧工业构筑物再生利用可以增强地区的社会韧性,有助于提升社会韧性和促进社区发展。通过重新设计和改造旧工业构筑物,可以创造出多样化的城市活动空间,丰富周边居民与游客的活动体验,提高他们的生活品质和幸福感。同时,新的功能空间可以为城市注入更多文化、教育和娱乐资源,促进城市民众的凝聚力和社会共享精神的形成,强化城市内部的联系和互动。这种社会的包容性有助于减少社会分化和冲突,增强社会的凝聚力和稳定性,推动社会向着更加和谐与包容的方向发展。

3. 环境因素

旧工业构筑物再生利用可以改善地区的环境韧性,减少对环境的影响,降低土地开发和生态破坏的程度。利用绿色建筑技术和可持续发展理念对旧工业构筑物进行设计和改造,可以实现节能减排,减少环境污染,提升整体环境适应性和抗风险能力。新的功能空间将成为生态友好的地区节点,有助于改善生态环境质量,提升城市的环境舒适度与居民的生活品质,同时将为地区的生态健康和可持续发展作出重要贡献,推动地区向着更加绿色、环保和可持续的方向发展。

6.2.2 提升策略

旧工业构筑物周边区域韧性解构设计策略如表 6.3 所示。可以通过以下策略实现旧工业构筑物区域发展的多维度优化,推动城市向可持续、生态融合的方向发展,为地区的经济、社会和环境提供更多的发展机遇和可能性。

表 6.3 旧工业构筑物周边区域韧性解构设计策略

策略	凸显工业历史与文化价值	鼓励公众参与和空间共建	注重绿建设计与生态保护	加强区域合作与国际交流
表现	了解并尊重该区域历史	倾听其需求和意见,并吸纳到设计之中	减轻环境污染和噪声污染等不利影响	提供便捷的公共交通来促进社区的发展和交流

1. 凸显工业历史与文化价值

在旧工业构筑物区域发展中,注重保护工业构筑物的文化价值是一个不可或缺的重要策略。以江苏园博园主展馆片区的筒仓改造为例,曾经的工业筒仓经过精心改造变成一个集现代艺术展览空间与多功能活动空间于一体的文化场所,成功实现对工业构筑物遗产的保护和文化传承,如图 6.3所示。在改造过程中,设计团队非常重视保留筒仓的原有结构和工业元素,在此之上对旧工业构筑物进行再生利用,既彰显了其独特的历史价值,也为城市增添了别具一格的文化底蕴。

 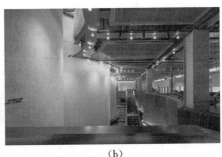

(a)   (b)

图 6.3   江苏园博园筒仓改造项目

(a)筒仓外部的活动空间;(b)筒仓内部的电梯井道

江苏园博园筒仓改造项目不仅是对构筑物自身的保护,更是对城市工业文化遗产的珍视和传承。保留原有构筑物的结构和风格,可以让人们感受到工业时代的沉淀和传统的韵味。与此同时,内部空间经过重新设计,不仅能为构筑物的新功能提供适宜场所,还能作为工业展示空间和布置艺术装置,展示当代艺术的新潮和创意,使得旧工业构筑物焕发出时代的活力。对旧工业构筑物的再生利用不仅能让构筑物焕发新的生机,更能传承和弘扬城市的历史文化。将工业遗产与现代艺术相结合,可以打造出令人流连忘返的文化去处,吸引游客和当地居民前来参观体验,感受历史与现代的碰撞和融合,体会工业文化传承与创新的魅力。

注重保护文化价值和历史遗产是旧工业构筑物区域发展中至关重要的策略之一。通过旧工业构筑物的再生利用,对旧工业遗产与历史进行再次保护,不仅可以传承城市的文化底蕴,还可以增添独特的艺术氛围和历史韵味,为城市注入新的文化活力和魅力。

2. 鼓励公众参与和空间共建

在旧工业构筑物区域发展中,转化废弃构筑物并融入社会功能是促进城市可持续发展的重要策略。以荷兰乌得勒支市 Amsterdam Sestraatweg 水塔改造项目为例,设计师将废弃水塔的一部分改造为多功能社区中心,展现了工业遗产再生利用的另一种潜力,如图 6.4 所示。

(a)　　　　　　　　　　　　　　　　(b)

图 6.4　荷兰阿姆斯特丹乌得勒支市 Amsterdam Sestraatweg **水塔改造项目**
(a)水塔外部;(b)水塔内部

在 Amsterdam Sestraatweg 水塔改造过程中,设计师与水塔所在街区紧密合作,保留了水塔的原始结构和工业美学,引入现代设计元素适应新的功能需求。改造后的水塔不仅提供了街区会议室和共享空间,还设有咖啡厅和观景台,成为当地居民和游客享受街区风光的独特场所。

旧工业构筑物空间的功能转变提升了构筑物的活力,促进了街区的创意和创新活动。对共享空间的建设,不仅增强了区域的经济活力,也加强了社区成员之间的联系。水塔的新功能使其成为街区的活动中心,促进了居民之间的互动和街区的整体发展。同时,定期在水塔举办的文化活动和街区交流也会极大地增进当地社会的凝聚力和活力。

创建共享空间和促进社会参与,不仅有效地利用了废弃的旧工业构筑物,还激活了区域经济,促进了文化和创意的交流,打造了充满活力和创造力的社会环境。

3. 注重绿建设计与生态保护

在旧工业构筑物区域发展中,推动生态可持续和绿色建筑设计是确保区域长远发展的策略之一。以美国纽约的高线公园改造为例,高线公园的成功改造将一条废弃的高架铁路线转变为一个充满生态特色的公园,不仅保留了一段城市的工业历史记忆,还给城市增添了绿色空间,展示了如何通过生态友好的方式再生利用旧工业构筑物。

在高线公园的设计中,设计师大量使用绿化植被与生境装置,创造了多样的自然景观,不仅美化了城市环境,还保护了生物的多样性,如图 6.5 所示。除了植被,公园的设计还考虑了可再生能源的使用和节能设施的安装,如利用太阳能板提供部分公园照明,使用雨水收集系统灌溉植物等,这些措施减少了对传统能源的依赖,增强了高线公园的环境可持续性。

(a)　　　　　　　　　　　　　(b)

图 6.5　纽约高线公园改造

(a)使用现状;(b)生境装置

高线公园的存在不仅提升了周边地区的环境质量,还成为推动社区参与和环境教育的平台。公园定期举办各种生态工作坊和环保活动,让当地居民和游客有机会了解保护生态的重要性,并亲身参与到绿色行动中。这些活动不仅增强了公众保护环境的意识,也促进了社会的凝聚力。

通过像纽约高线公园这样的项目,我们不仅见证了废弃旧工业构筑物转化为绿色生态空间的可能,还感受到这种转变给社会层面和环境层面带来的积极影响,为未来的旧工业构筑物再生利用提供了有力的示范和启示。

4.加强区域合作与国际交流

在区域发展的过程中,融入国际合作与文化交流是推动这些区域再生的重要策略。上海油罐艺术中心是一个将废弃的油罐和筒仓改造成文化艺术复合空间的成功项目,如图 6.6 所示。该项目不仅通过国际合作和文化交流将旧工业构筑物组团转化为文化艺术的聚焦点,还增强了城市的文化吸引力。

上海油罐艺术中心位于上海的西岸文化走廊,由 5 个废弃的石油储罐改造而成。通过与国际艺术家和设计师的合作,这些油罐被创意性地改造成了展览空间和多功能活动区。设计师不仅保留了工业构筑物的原貌,还在空间布局和功能上进行了调整,使其成为推动当代艺术发展的重要场所。

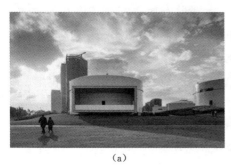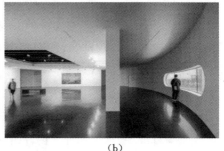

（a）   （b）

图 6.6   上海油罐艺术中心

（a）外部舞台空间；（b）内部展览空间

通过引进国际先进的筒仓改造技术和艺术展览经验,上海油罐艺术中心成功地组织了多场国际艺术展览活动,吸引了来自世界各地的艺术家和观众参与。这些活动不仅提升了上海的国际文化地位,同时为本地艺术家提供了与国际同行交流和合作的平台,丰富了当地的文化生活和艺术资源。该项目还展示了筒仓等旧工业构筑物通过国际化的视角和合作可以被转化为具有吸引力的文化和社会空间。这种变革不仅仅是空间的再利用,更是一个文化复兴和创新的过程,使得这些旧工业构筑物能够以一种全新的方式与公众和国际社会产生联系。

在加强区域合作与国际交流方面,再生利用项目不只是打造一个艺术展览空间,它还是一个通过国际合作与文化交流活化城市旧工业文化的典范,为城市文化多元化和国际化贡献了重要的力量。

6.3　社会治理韧性解构

6.3.1　现状梳理

旧工业构筑物再生利用的社会治理韧性是指旧工业构筑物的社会治理

机制在面对不确定性因素冲击时的防御、维稳和适应能力,由政府组织、旧工业构筑物本身自行组织或市场组织,将所有旧工业构筑物划入社会治理范围,以满足人们在面对不确定性因素时能够有效进行管理安排的需求。社会治理不仅为旧工业构筑物再生利用创造了很好的环境因素,而且为社会创造了丰富的就业机会,特别是为当前解决下岗职工的再就业问题拓展了空间。因此,社会治理韧性在旧工业构筑物社会韧性解构中是相当重要的一环。

旧工业构筑物的社会治理韧性解构是指旧工业构筑物社会治理机制能够承受来自市场、竞争和环境的冲击或从冲击中恢复,并对其社会组织本身和制度安排进行适应性调整,以维持或恢复以前的发展路径,或过渡到一个新的社会治理可持续发展路径。

受到城市地方政府管理机制、经济发展水平等影响,旧工业构筑物社会治理韧性面临诸多问题与挑战。旧工业构筑物社会治理韧性影响因素包括政治因素、业态因素、社会因素、技术因素四个方面。

1. 政治因素

在社会结构发生变化的同时,社会治理中人们的政治意识也在发生变化,人们生活日益美好的同时存在着诸多生活、学习中的个人诉求。随着政治思想的解放,生活中各个领域的激烈竞争造就了多元化的社会管理模式。由于社会管理模式的多元化和需求的多样化会影响到旧工业构筑物所属地区的生活水平,因此综合考虑政治因素的影响,不仅可以充分倾听民声,还可以带来显著的居民认同感与自豪感。

2. 业态因素

虽然旧工业构筑物在维持生活和生产、促进经济发展方面发挥着重要的社会作用,但其周边环境往往相对单一,无法满足复杂、相互依存和多样化的用户群体的需求。随着城市的扩张,许多旧工业构筑物所属地区的原址逐渐成为城市中心。经过产业改革和调整,旧工业构筑物通过有效的社会治理,形成了旧工业厂区的多种业态,增强了厂区社会治理的韧性,从而带动了厂区及周边的产业发展。同时,旧工业构筑物的业态性质应符合所在城市的整体规划方向,在有针对性地融入城市所需的新功能要素时,应选择具有较大保留价值和改造潜力的旧工业构筑物和构筑物元素,充分挖掘其特点,最大限度地发挥其使用价值。

3. 社会因素

城市的市政和公共体制结构不灵活,导致旧工业构筑物所属地区社会治理的权力分配失衡,治理过程中缺乏对信息的控制和管理,影响了旧工业构筑物所属地区的社会治理水平和效率。因此,可以渐进地引入公众参与机制,利用共治的方法和策略,提高旧工业构筑物的社会治理效率。为实现地区治理效益的最大化,政府部门、厂区运营管理部门、公众等多方主体应加强合作,实现利益互补,建立更有效的信息补充机制,关注社会治理的主要对象,提高旧工业构筑物社会治理水平和效率。

4. 技术因素

构建以现代科技为主体的信息系统,完善旧工业构筑物再生利用的社会治理体系,可以为旧工业构筑物治理与管理提供技术支持。利用互联网技术构建旧工业构筑物社会运行治理信息平台,可以提高民众与企业经营管理部门、物业部门等各部门的沟通效率,更便捷、有效地满足旧工业构筑物运行管理方面的需求。利用信息技术发展厂区电子政务,不仅可以提高旧工业构筑物社会治理系统的运行效率,还可以满足多样化的用户需求。

6.3.2 提升策略

通过以下策略提升旧工业构筑物再生利用在社会治理层面的效能和效率,可以促进社会资源的共享和可持续发展,实现城市的文化传承和社会治理水平的提升。

1. 促进产业结构优化与调整

随着社会经济的发展与进步,以再生利用为目的对旧工业构筑物实施改造,不仅便于原有产业的优化与升级,还利于新兴产业的诞生。在发展具有优势的传统产业时,也要重视培育新兴产业,加速推进第三产业的发展,提高服务业发展水平。

金威啤酒厂原沉淀池改造项目位于深圳,曾经的啤酒厂沉淀池区域经过规划和设计改造,变成一处集商业、艺术和社区活动于一体的多功能公园。改建项目注重保留旧工业构筑物的历史痕迹,将原有的沉淀池改造为景观池,并围绕这一核心元素设计了水景和休闲区,吸引市民和游客前来休憩和欣赏,如图 6.7 所示。

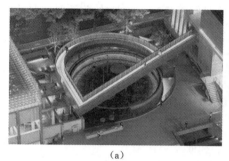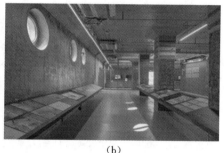

(a)　　　　　　　　　　　　　　　　　(b)

图 6.7　深圳金威啤酒厂原沉淀池改造项目

(a)外部景观廊桥;(b)内部展览空间

在此基础上,金威啤酒厂的其他部分也获得了新的功能。例如,原仓库和生产设施转化为展览空间和艺术工作室,旧办公楼改造为创业孵化器和办公空间,不仅为当地艺术家和初创企业提供了发展平台,还促进了文化产业和创意经济的繁荣。

对于旧工业构筑物的改造不应仅着重于对构筑物的物理保存,更应当强调对其历史价值和文化价值的继承,通过调整旧工业构筑物所属企业的产业结构,可以激发地区经济活力,提高周边地区的地价和生活品质,将这些价值转化为社会效益和经济效益。

2. 突出工业资源优势与特色

在对旧工业构筑物进行社会治理的同时,结合当地实际情况和改革经验,创建与自身发展相符的治理模式至关重要,以更好地结合其资源优势与特色。位于北京的首钢园巧妙地将钢铁工业园的特色与冬奥会主题相结合,结合厂区的旧工业构筑物,打造滑雪大跳台,创造更加优越的社会发展环境,努力支持企业运作,显示了如何通过创新思维将旧工业构筑物转化为服务于当前社会发展需求的设施,如图 6.8 所示。

通过对首钢园冷却塔等旧工业构筑物的改造与再利用,展示了结合旧工业构筑物自身的资源优势与特色,因地制宜地制定社会治理系统,从而更好地促进地区的稳定与繁荣发展,实现社会、经济的快速发展。

(a)   (b)

图6.8　北京首钢园滑雪大跳台

(a)首钢园冷却塔遗存;(b)首钢园新建滑雪大跳台

在对旧工业构筑物改造的过程中,通过提供政策支持、资金资助和技术指导,确保改造项目的成功实施,鼓励企业和社会力量参与到对旧工业构筑物的保护与再生利用中,突出工业资源优势与特色,不仅能够提升旧工业构筑物的文化价值和社会影响力,还能够促进地区经济的复苏与发展。

3. 创新产业治理与智能管理

对旧工业构筑物的再生利用,不仅是对其历史价值的尊重,也是对城市更新和可持续发展理念的实践。通过科技创新和智能管理,可以将旧工业构筑物转化为具有经济、社会和文化价值的新地标。

民生码头位于上海杨浦区,其8万吨筒仓原本是用于储存粮食的巨大工业筒仓。通过改造与规划,上海民生码头8万吨筒仓现如今已经转型成为一个集文化、艺术和商业活动于一体的多功能复合体,如图6.9所示。在这个项目中,创新产业治理和智能管理发挥了至关重要的作用。

项目保留了筒仓的原有结构并引入最新的建筑技术,在原有的工业构筑物中嵌入新的功能模块,创造出可举办各类文化和科技交流活动的空间,吸引了众多创意人才和科技创新企业入驻,使得民生码头成为上海地区一个新的文化和社交聚集地。在智能管理方面,民生码头引入了先进的管理系统,能够实时监控能源使用、空气质量和安全状态,确保构筑物的高效运营,促进了产业升级和区域经济发展。

民生码头的成功转型,展示了如何通过科技创新和智能管理,使旧工业

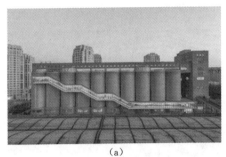

(a)   (b)

图 6.9　上海民生码头 8 万吨筒仓改造

(a)筒仓外部改造现状；(b)筒仓内部展览功能

构筑物焕发新生,并为城市可持续发展贡献力量。旧工业构筑物的再生利用不但是一种经济行为,更是一种对历史与文化的尊重,对创新与未来的拥抱。

4. 完善治理机制与公众参与

在旧工业构筑物再生利用的社会治理中,建立有效的公众参与和共治机制显得尤为关键。在北京冬奥组委会驻地筒仓改建项目中,一个废弃的工业筒仓转化为具有现代办公功能的空间,通过引入高效和透明的治理机制,确保了办公环境的可持续性和高效运作,如图 6.10 所示。

(a)   (b)

图 6.10　北京冬奥组委会驻地筒仓改建项目

(a)改建前；(b)改建后

该项目团队采取了一系列创新措施来确保治理机制的有效性。办公用途的实现极大地依赖于高效的项目管理和运营机制。从项目规划、建设到最终完成,每一个细节的决策和执行都需要明确的流程和高效的信息流通,确保所有参与方——设计师、工程师、管理人员以及最终的用户都能在需要时获取信息、做出反馈,并参与决策过程。这种机制的建立,确保了项目在质量、时间和预算控制上的高标准,同时也使得办公空间能够快速适应未来的变化和需求。

旧工业构筑物的再生利用应当通过其创新和高效的治理机制,实现多种功能的协调转变,确保改造项目的长远发展和效能最大化,展示多元空间与先进治理结构之间的紧密联系。

5. 鼓励社会资本与多元合作

在探索旧工业构筑物转型和再生利用的过程中,有效动员社会资本和促进多元化合作成为其改造成功的重要因素。北京"首钢园·六工汇"项目是在原首钢工厂旧工业基地上进行的复合型改造,该地区曾经是中国重要的钢铁生产基地之一。通过全面改造,这片废弃的工业土地被赋予了新的生命,转变成了集文化、艺术、科技、商业和娱乐于一体的综合性区域,如图 6.11 所示。

 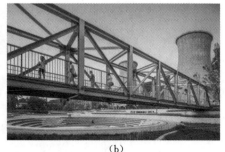

(a)   (b)

图 6.11 北京"首钢园·六工汇"项目
(a)由沉淀池改建的休闲公园;(b)工业遗存风格的钢架步行桥

"首钢园·六工汇"改造项目特别强调与来自不同领域的合作伙伴之间的合作,包括私人投资者、政府机构、设计和建筑公司,以及文化和艺术组织。这种跨领域的合作模式为项目提供了丰富的资源、独特的视角和创新的解决方案,确保了项目的多元化发展并优化了社会与经济效益。在保留原有工业遗存的基础上,"首钢园·六工汇"项目加入了现代设计元素,成为北京城市更新的标杆。该项目通过举办各类文化艺术、科技展览和创新教育活动,吸引大量游客和当地居民参与,不仅活跃了地区的经济,促进了社区的凝聚力,还提升了人们对工业文化遗产的认知和尊重。

此外,"首钢园·六工汇"的成功改造对于促进城市可持续发展、优化城市功能结构以及提升城市文化品位等方面也起到了积极作用,再次证明了通过整合社会资本、促进跨领域合作,能够有效地推动旧工业构筑物的转型升级,为城市发展注入新的活力与创意。

在旧工业构筑物再生利用时,通过社会资本的有效利用和多元化合作,将旧工业构筑物转变为具有广泛社会和文化价值的复合空间,能够促进城市文化与经济的发展。

6. 加强教育培训与文化传承

加强教育培训与文化传承被视为旧工业构筑物再生利用中的重要社会治理策略。以德国 Meiderich 钢铁厂高炉园改造项目为例,该项目是工业景观的一部分,通过教育和文化活动让公众参与进来,从而强化了对工业遗产的保护和社区的参与,如图 6.12 所示。

(a)   (b)

图 6.12 德国 Meiderich 钢铁厂高炉园改造项目

(a)高炉园内部;(b)浇铸车间改造的露天影院

Meiderich 钢铁厂曾是德国工业的重要象征,结束运作后,其部分构筑物被改造成对公众开放的公园和文化场所。高炉园项目注重保持原有工业构筑物的特色,并融入现代设计元素,创造出独具特色的公共空间。在项目实施过程中,设计师和规划师密切合作,使得这一工业遗产能够再次与公众产生共鸣。

高炉园的核心是通过展览、互动教育、文化活动向人们展现地方工业历史以及传达工业转型的重要性。为此,项目运营团队开发了一系列教育计划和讲座,专门针对学校和社区团体,强调从儿童到成人的多层次教育。这不仅能够帮助当地居民和游客更好地理解工业构筑物的价值,还激发了他们对工业历史的兴趣和保护意识。此外,高炉园还定期举办文化艺术活动,如音乐节、露天电影节等,进一步促进了社会的互动与文化交流。

通过这样的改造和活动安排,旧工业构筑物本身不仅美化了城市环境,也为当地居民提供了学习和娱乐的场所,同时提高了城市的文化水平和国际形象。在社会治理的大背景下,旧工业构筑物的再生利用也展示了如何通过教育与文化活动的融合,有效地提升公众对工业文化的认知和尊重,促进社会的可持续发展。

6.4　经济产业韧性解构

6.4.1　现状梳理

经济产业韧性是指经济系统在面对外部干扰时,能保持自身原有结构和功能的稳定并恢复原发展水平,或者是主动重组或更新内部结构和功能,从而保证经济快速健康发展的能力。旧工业构筑物经济产业韧性是指旧工业构筑物经济系统在面对不确定性因素冲击时的防御、维稳和适应能力。

旧工业构筑物再生利用经济产业韧性的内涵可分解为递进关系的三个方面:第一,防御力,即在冲击发生前旧工业构筑物经济产业系统对潜在冲击作出预警研判,并实施应急响应的能力;第二,维稳力,即在应对冲击过程中旧工业构筑物经济产业系统避免剧烈波动、保持正常运行的能力;第三,适应力,即在遭受冲击后旧工业构筑物经济产业系统调整结构、适应冲击、恢复正常运行并走向新的发展路径的能力。旧工业构筑物经济产业韧性是一种与调整能力紧密相关的动态属性,从防御、维稳到适应,是旧工业构筑物经济产业系统对不确定性因素冲击的消解过程。旧工业构筑物再生利用的经济产业韧性,就是要优化产业结构,夯实经济基础,提高抵御外部经济风险的能力,将外部冲击对经济发展的负面影响降到最低。

　　旧工业构筑物往往位于城市中,并且占据着优越的地理位置,交通网络发达。因此,旧工业构筑物的振兴是城市更新的重要组成部分,应利用城市产业结构调整的契机,充分挖掘自身优势,发展相应产业,成为城市经济新的增长点。通过再生利用提高旧工业构筑物的经济效益和抗风险能力,不仅可以避免原有资源的浪费,还可以将原有资源直接转化为新的经济资源。

　　大空间的大型筒仓、铁路等,可以通过循环利用赋予旧工业构筑物新的功能,节省拆除、重建的双重投资,实现节能、减污的双重效益,符合可持续发展的时代要求。通过对旧工业构筑物经济产业效益的再造,可以将旧厂区改造成文化创意产业园区、购物中心等具有较高社会效益和经济效益的场所,在拉动地方经济方面再次发挥重要作用。

　　旧工业构筑物经济产业韧性的影响因素包括产业因素、经济因素、人才因素、发展因素四个方面。

　　1. 产业因素

　　旧工业构筑物的经济产业韧性是城市经济韧性发展的基础,影响着城市经济的增长。旧工业构筑物经济产业韧性解构应以新型产业代替旧产业,重塑旧工业构筑物的经济,满足新的经济发展要求,以混合功能开发代替单一产业发展,促进传统产业的转型和新兴产业的崛起。通过将废弃的工业构筑物改造成文化创意打卡点、科技孵化基地、商业点等新型产业载体,吸引不同类型的企业和产业入驻,从而降低产业的单一依赖性,提高城市经济的韧性。

　　旧工业构筑物再生利用能够培育和促进创新创业生态的发展,吸引创新型企业和初创公司在旧工业区域内发展,推动了创新产业的蓬勃发展,增强了经济的创新能力和应对风险的能力。

　　2. 经济因素

　　在对旧工业构筑物再生利用的过程中,保留构筑物本身的结构、资源、条件,附加以相应的创意产业来提升该构筑物的经济价值。通过对旧工业构筑物进行更新,可以恢复该工业构筑物的生命力,这样既能给当地带来一定的经济效益,同时还可以给城市带来综合的经济效益。对旧工业构筑物的再生利用,本身就是旧工业构筑物价值的最大化利用,而旧工业构筑物经济产业韧性再生依托于旧工业构筑物原有产业链和城市基础的活化。在更新的过程中,以恰当的产业导入迎合当前城市发展需求,可以最大限度地融入社会网络。

旧工业构筑物再生利用有助于促进产业链的整合和优化。通过将相关产业纳入同一区域内,提升经济链条的完整性和效率,实现资源的共享和优化利用,从而提高整个社会经济层面的竞争力和抗风险能力。

3. 人才因素

旧工业构筑物的再生利用不仅是对老旧空间的物理改造,更是一个全新的经济和社会价值创造过程,这个过程能够促进人才培育和产业集群的形成,为城市的持续发展注入强劲动力。通过打造形式新颖的工作环境和创新氛围,吸引有能力的专业人士与创新者参与,培养具有现代产业知识和技能的工程、设计、环境科学及企业管理等领域的高端人才,促进高端产业在旧工业区域内聚集发展,形成产业集群效应,从而推动经济的快速发展和技术创新。

4. 发展因素

旧工业构筑物的经济产业韧性解构成为实现城市可持续发展战略中的一个关键因素。通过设计和实施旧工业构筑物再生利用计划,减少新建设施对土地资源的需求,不仅能够挖掘旧工业构筑物潜藏的价值,提升其在新时代背景下的核心内涵,同时也能带动城市经济的转型升级,提高整个城市的经济韧性,从而有助于城市空间的节约和绿色发展,确保城市经济的稳定增长。

旧工业构筑物的经济产业韧性通过促进城市全面的可持续发展,为城市带来了长远的经济效益和社会价值。积极探索旧工业构筑物的经济产业韧性,将其作为城市可持续发展策略的重要组成部分,对于推动城市的全面发展和未来的繁荣具有重要的意义。

6.4.2 提升策略

通过以下策略提升旧工业构筑物再生利用在经济产业层面的发展,可以促进经济产业的可持续运行,实现城市经济产业的二次发展。

1. 实施绿色与可持续化改造

旧工业构筑物在经济产业层面再生利用的过程中,进行绿色与可持续化改造是实现环境保护与经济效益双赢的重要战略之一。借助环保技术的升级和可再生能源的应用,可以大幅减少能源消耗,进而减轻环境的负担。

一个典型案例是位于德国关税同盟(Zollverein)煤矿工业区内的一座旧煤矿筒仓改造项目。这个项目将一座历史悠久的工业筒仓转变为一个集文化、教育与环保于一体的综合设施,如图6.13所示。

(a)　　　　　　　　　　　　　　　　(b)

图6.13　德国关税同盟(Zollverein)煤矿工业区

(a)工业区内部构筑物绿色改造;(b)构筑物周边可持续发展

通过在筒仓屋顶安装大面积的太阳能板,实现了在能源供给方面的自给自足。同时,雨水收集系统的应用有效地解决了水资源的循环使用问题,进一步强化了该构筑物的环保特性。改造项目还包括对周边废弃的铁路和烟囱进行绿化和保护性利用,将它们转变为公共教育与展示空间。这些铁路和烟囱通过艺术化的装饰和景观设计,成为讲述区域工业历史的重要载体,同时也是促进社会凝聚和文化交流的空间。

旧工业构筑物再生利用过程中实施绿色与可持续化改造不仅能够减少环境污染,节约能源,还可以将旧工业构筑物转化为具有教育意义和社会价值的文化场所,为推动当地的工业文化保护与可持续利用提供宝贵经验。

2. 促进经济与产业协调转型

将旧工业构筑物改造为创意产业中心和文化复兴基地,是一种重要的经济产业转型和升级策略。通过对旧工业构筑物进行改造,不仅可以为城市带来新的经济增长点,还有助于增强城市的文化软实力和吸引力,促进周边产业链的发展。英国曼彻斯特的 Castlefield 高架公园曾是一个老旧的铁路架构,通过设计师的巧妙改造,转变为一个自然与工业历史氛围共存的公共空间,如图 6.14 所示。

(a)   (b)

图 6.14　英国曼彻斯特 Castlefield 高架公园
(a)公园鸟瞰;(b)内部风貌

该项目重点维持了原有的铁轨和部分旧铁结构,不仅保留了场所的工业历史氛围,同时也为公园设计带来了独特的工业美感。Castlefield 高架公园包括步行道、自行车道和临时的艺术装置区,这些设施既服务于当地社区的娱乐需求,也成为吸引外来游客的亮点。公园内不定期举办艺术展览和音乐会,使得 Castlefield 高架公园不仅仅是一个休闲的场所,更是城市文化交流的聚集地。艺术家和表演者在这里找到了表达创意的舞台,同时也为城市带来了新的文化身份和旅游热点。

旧工业构筑物再生利用通过经济与产业协调转型策略,不仅在物质层面实现了工业构筑物的再生利用,也在文化层面为城市赋予新的活力和意义,促进经济和文化的融合发展,成为推动当地经济和工业文化繁荣发展的重要动力源。

3. 推动文化教育与产业融合

将旧工业构筑物改造与文化教育产业融合,是一种重要的旧工业构筑物经济产业转型和升级策略。在北京首钢三高炉博物馆项目中,废弃的工业设施被成功转化为一个现代教育和社会共享空间,标志着对旧工业构筑物的再利用及其与文化教育及产业融合发展的模式创新,如图 6.15 所示。

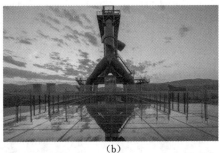

(a)   (b)

图 6.15   北京首钢三高炉博物馆项目

(a)三高炉地下展览空间;(b)三高炉玻璃栈台

该项目在原有首钢三高炉的基础上建立博物馆,不仅为公众提供了学习的机会,更为地区经济产业发展贡献了一份力量。借助旧工业构筑物的转型,为相关专业学生和人员提供了实践和理论学习的互补环境,使他们能直接接触到实际工业操作环境,理解理论与实践的结合点。首钢三高炉博物馆项目积极推动产学研合作,将教学资源与实际的产业需求紧密结合。该合作模式加强了教育课程的市场导向性,使学生能够学习最前沿的技术和理念,并且通过与企业的合作,为学生提供实习和就业机会,从而更好地培养符合市场需求的高技能人才。

旧工业构筑物再生利用过程中通过推动文化教育与产业融合,增加了城市的教育资源,提高了产业的社会价值,促进了地区内其他产业的发展。教育和先进技术的结合,为地区的经济和生活注入了新的活力,激发了新的产业发展,进一步提升了旧工业构筑物的全球影响力和吸引力。

4. 创新科技应用与产业升级

将旧工业构筑物转型为科技应用和产业升级的基地,能够持续推进地区经济产业的发展。借助前沿科技企业和研发机构的参与,旧工业构筑物的独特资源和条件成为加速科技成果转化和产业化应用的优势平台。

巴塞罗那的废弃水泥厂改造项目是对旧工业构筑物空间再生的探讨。这座位于巴塞罗那郊区的水泥厂,原本是 20 世纪初工业扩张的产物,具有独特的工业构筑物风格和结构。在改造过程中,设计团队对现有的建筑进行了彻底的环境清理,将其中有害的废弃物和老化的设施去除,同时保持了构筑物的基本结构和特有的建筑元素,如巨大的混凝土柱子和拱顶,如图 6.16 所示。

(a)   (b)

图 6.16 巴塞罗那废弃水泥厂改造项目

(a)水泥厂外部;(b)水泥厂内部

改造后的构筑物保留了原有的工业美感,用于储存原材料的巨大筒仓被改造成为开放的工作空间和创意实验室,厚重的混凝土墙壁成为展示现代艺术和科技产品的背景,构筑物所在园区内增添了大量绿植,形成了一种工业与自然和谐共生的景象。

旧工业构筑物再生利用过程中通过创新科技应用与产业升级,能够将旧工业构筑物转变为一个充满活力的现代化科技和文化创新中心,重新解读和定义传统的空间功能。

5. 鼓励共享经济与社会参与

将旧工业构筑物的改造与社区参与结合,启动共享经济的新范式,可以提升城市活力。通过社区参与式的规划和设计,可以充分利用旧工业构筑物的社会潜力和历史文化价值,吸引当地居民积极参与到项目的建设和日常管理中来。共享模式的出现极大地提升了居民的生活质量和享有权,促进了社区的互助合作和城市空间的有效共享,为社区经济和社会发展带来新的机遇和活力。

在广东江门开平市,一个废弃的粮仓被改造成了书店,即先锋天下粮仓书店,这个项目成为当地文化和经济发展的焦点。原先用于储存粮食的巨大空间被转变成一个多功能的书店,提供阅读、社交和文化活动空间,如图6.17所示。设计团队保留了粮仓原有的结构,如高大的仓顶和厚重的墙体,同时引入现代设计元素和舒适的阅读环境,创造出一种新旧交融的美感。

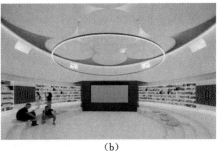

(a)　　　　　　　　　　　　　　　　(b)

图 6.17　先锋天下粮仓书店

(a)粮仓外部;(b)粮仓内部

此外,先锋天下粮仓书店十分注重社会公众的参与和互动。该书店不仅销售书籍,还定期举办文化讲座、艺术展览和社会交流活动,成为当地居民开展文化交流的中心。这些活动增强了公众之间的联系和交流,吸引了更多的游客,加强了社区的文化气氛和经济活力。

旧工业构筑物再生利用过程中通过鼓励共享经济与社会参与,能够激发旧工业构筑物的新生命,通过创新的共享模式激活旧工业空间,为经济产业和社会发展提供持续的动力和生机。

7

旧工业构筑物再生利用生态
韧性解构

7.1 生态韧性解构基础

7.1.1 生态韧性内涵

生态环境(ecological environment)是"由生态关系组成的环境"的简称，是指与人类密切相关、影响人类生活和生产活动的各种自然力量，包括水资源、土地资源、生物资源以及气候资源，是关系到社会和经济可持续发展的复合生态系统。

生态韧性作为韧性理论的重要内涵之一，与经济、社会等共同构成城市韧性。近年来，随着城市生态文明建设理念上升到国家战略，生态韧性成为评价社会可持续发展的重要工具，重点刻画城市居民与环境系统的协调性，具有维持城市生态安全格局稳态以及提升环境自组织能力的双重作用。

对于生态韧性的研究，起始于 1973 年，加拿大生态学家霍林将"韧性"概念引入生态学领域，随后"生态韧性"被定义为：生态系统在完成组织重组或形成新的组织之前，所能化解变化的程度。生态系统是一个复杂的适应性系统，不同学科背景学者对其有不同的定义。大部分学者基于适应性理论认为，生态韧性是指生态系统受到外界干扰时，偏离平衡状态后所表现出的自我维持、自我调节及抵抗外界各种压力及扰动的能力。具体来讲，这种能力涉及三个方面：一是要求生态系统拥有维持景观本底所需的生态支撑能力，二是要求生态系统拥有吸收、化解人类社会和环境本身产生的扰动并快速恢复自身功能的能力，三是要求生态系统面对扰动时具有相应的适应能力。

在当前生态环境问题日益严重的情形下，生态韧性理念逐渐运用于城市规划与实践，这样可以更好地将自然生态系统与社会要素联系在一起，有助于从根本上改善人地矛盾关系，从而实现城市的可持续发展。不少学者针对城市面临的不同生态风险、灾害干扰等，对其生态韧性提升进行了有针对性的研究。如 Wardekker、Peiwen 等以鹿特丹为例，提出了应对气候扰动和洪水风险的韧性原则及相应策略。王峤等提出了沿海城市适灾韧性的规划策略,探讨了韧性理念与城市空间环境要素的有机结合,从土地利用、景观生态、绿色交通、生态防灾等方面提出了韧性设计策略。

本书结合生态韧性相关研究,将旧工业构筑物再生利用生态韧性定义为:通过对旧工业构筑物再生利用及其周围环境的生态恢复,使得其所在的生态环境系统在应对冲击和干扰时,具有能够维持旧工业构筑物及其周边环境正常运转的抗干扰能力,或产生动态变化从而达到平衡系统(旧平衡系统或新平衡系统)状态的适应能力。旧工业构筑物再生利用要进行空间的生态化有机更新,最大限度地保护自然环境资源,遵循景观安全和气候适应性原则,充分考虑城市通风廊道,合理利用地形,对局部地段的构筑物、道路、开放空间进行优化布局;实现绿量最大化,提高场地绿地率和景观植物的质量,提升微气候循环,通过生态补偿和环境改善提升空间环境的舒适性,构建日趋完善的生态安全格局;贯彻被动式节能设计原则,对旧工业构筑物进行再生利用设计,倡导应用绿色建筑技术,优化空间的物理特征,可采用遮阳板、太阳能屋面、风墙等节能构件和细部设计,以及采取屋顶花园、空中花园等立体绿化措施,如图 7.1 所示。

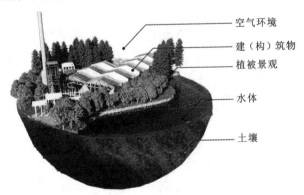

空气环境
建(构)筑物
植被景观
水体
土壤

图 7.1 生态健康示意图

7.1.2 生态韧性解构

1. 生态韧性解构发展背景

旧工业构筑物再生利用源于全球生态环境污染严重,在能源过度开采导致资源枯竭的大背景下,旧工业构筑物再生利用具有节能、节地、节水、节材的特点,本质上就是一种"绿色"行为。在后期规划设计时,可以使用更加清洁、环保的技术方案,构建绿色生态。旧工业构筑物再生利用生态韧性解构主要有以下要求:减轻对环境造成的负荷,实现能源节约;保证人、构筑物、环境的和谐;提供舒适的生活空间。在基于生态韧性的旧工业构筑物再生利用中,绿色、节能、环保等理念贯穿始终。旧工业构筑物再生利用生态韧性解构的发展背景主要体现在对四个方面的追求,即与时俱进、可持续发展理念、环保节能、低碳。其一,与时俱进。构筑物的形式与社会发展有着密切的联系,并且反映了时代特征。社会思想、经济等因素对再生利用理念会产生一定的影响,在不同时代,再生利用理念表现出不同内容。其二,可持续发展理念。在构筑物全生命周期内,应提供舒适的环境,最大限度地节省资源,减少对环境的污染,保证其与自然和谐共生。其三,环保节能。对于构筑物周围的自然资源,避免出现严重的人工化现象,应合理利用植物的调节作用,并且充分利用自然材料、人文环境等,体现环保节能原则。其四,低碳。降低碳排放对国家的发展意义重大,为了应对各种环境问题,旧工业构筑物再生利用需要作出一定的低碳贡献。

在可持续发展背景下,我国大量城市实施"腾笼换鸟"及双转移战略,很多旧工业构筑物处于闲置状态,其中相当部分的旧工业构筑物不仅结构保存状态良好且具有一定的工业历史价值,对于这类旧工业构筑物的保护,通常采取再生利用、修缮等措施。旧工业构筑物作为城市历史文明的载体,时代背景不同,其功能也不相同,若将旧工业构筑物拆除处理,会产生大量垃圾,对环境造成污染;若使用先进技术对其进行再生利用,发挥旧工业构筑物的作用,实现价值最大化,不仅可以提升经济效益,还能够减少对环境的污染,更能留存住该城市在城市化及工业化进程中的历史印记。从所处位置来看,大多数旧工业构筑物位于城市的相对中心区域,交通十分便利,经过再生利用处理有利于提升旧工业构筑物自身的价值。若选择拆除旧工业构筑物,需要投入大量人力、物力、财力;而通过灵活的再生利用,可以满足不同使用者的需求。

2. 生态韧性解构内涵

韧性解构是对旧工业构筑物的再开发利用,它是在旧工业构筑物非全面拆除的前提下,全部或部分利用旧工业构筑物与其历史文化价值的一种开发利用方式。旧工业构筑物生态韧性解构是指突破传统的旧工业构筑物再生利用方式,在旧工业构筑物中集成低能耗围护结构、自然通风、自然采光、绿色建材、新能源利用、中水回用及绿色装置等多种高新技术,使旧工业构筑物通过技术植入实现生态节能的效果。与传统的再生利用方式相比,经过生态韧性解构的旧工业构筑物具有空间环境舒适、资源利用高效循环、节能措施综合有效等特点。

7.1.3 生态韧性解构原则

旧工业构筑物再生利用生态韧性解构的基本原则包括气候适宜性原则、环境舒适性原则、功能兼容性原则、资源节约性原则、技术适宜性原则五个方面。

1. 气候适宜性原则

根据旧工业构筑物所处的地区属于我国热工分区的哪一区域,对再生利用为内部活动空间(如展览馆、博物馆)的旧工业构筑物外围护结构进行再生利用处理。在对围护结构进行保温、隔热等处理时,要达到节能标准的评价指标。许多旧工业构筑物外墙采用传统红砖,与保温外墙相比,其表面温度会相差 5 ℃左右,使得提高外墙的保温性能成为势在必行的措施。对围护结构进行遮阳处理,可以在夏季有效改善室内热环境,避免阳光直射造成的负面影响。这种根据气候条件对围护结构进行再生利用的做法不但解决了旧工业构筑物的保温隔热问题,还促进了外立面的改善,从而提高旧工业构筑物的美学价值。

2. 环境舒适性原则

生态再生利用理念强调旧工业构筑物外部空间与自然环境相互融合、相互作用,在保护自然环境的同时,间接改善室内环境。在设计时,要针对旧工业构筑物所处地区的气候特点进行适宜性再生利用。在再生利用时尽量减少对原有生态环境的破坏,促进旧工业构筑物对自然环境的积极作用,通过室外生态绿化环境的营造来改善人体舒适度及户外活动条件,达到旧工业构筑物与自然和谐共生的目的。

随着经济的发展和人民生活水平的不断提高,人们开始重视精神生活需求,更加注重生活品质及环境舒适度,这也对旧工业构筑物内外环境再生利用提出更高的要求,主要体现在对室内环境舒适度提升以及外部环境整合的处理上。在旧工业构筑物再生利用中,运用绿化景观的方法对其外部环境进行美化,运用空间重构的方法对其内部环境进行合理划分并结合相应的设备技术,使被再生利用为使用空间的旧工业构筑物拥有适宜的温度、湿度、照度及新风量,满足人们对舒适度的要求,从而提高人们的工作效率,满足人们对生活品质的要求。

3. 功能兼容性原则

旧工业构筑物再生利用面临的是当构筑物原有功能改变后,新功能是否与原构筑物空间相兼容的问题。因此在对旧工业构筑物进行再生利用设计前,要分析现有构筑物空间的以往用途、潜在用途与新的意象等因素,良好功能匹配关系的确立成为旧工业构筑物再生利用的重要内容。

4. 资源节约性原则

在对旧工业构筑物进行再生利用的过程中,强调资源高效循环使用,减少对各种资源尤其是不可再生资源的消耗。在材料节能方面,首先要考虑对拆掉的可回收利用建材进行循环使用。例如,在北京 798 艺术区中,对被拆除的旧工业构筑物原构件进行打磨和喷漆处理后巧妙地布置在某商店门口,借用中国古代明清园林中"月洞门"的意象,既保证了工业文脉的延续,又避免了资源的浪费,同时通过这一操作手法又强调了商店的出入口,是一种成本极低的材料再生利用方式,如图 7.2 所示。对室内外环境进行被动式或主动式的干预,可以营造出健康、舒适的构筑物空间。旧工业构筑物绿色重构设计涉及多学科的协同配合,通过多方面的协同,充分利用可再生能源,使自然资源与能源在构筑物运营过程中发挥最大效益,避免过度浪费。

5. 技术适宜性原则

随着科学技术的不断发展,生态节能技术也发展到一个空前的高度。构筑物的生态节能技术根据设备的使用情况可分为主动式技术和被动式技术。主动式技术主要依靠设备来进行工作,费用较高;被动式技术是通过构筑物自身的空间形式、围护结构、构筑物材料与构造设计来实现节能的,费

图 7.2　北京 798 艺术区某商店出入口

用相对低一些。根据旧工业构筑物再生利用的经济性原则,可以形成以被动式技术为主、主动式技术配合的方式。无论是主动式技术还是被动式技术,都要适应当地的气候环境。例如,对当地日照、降水情况进行分析,若当地太阳能资源及雨水资源较为丰富,则主动式太阳能技术及雨水收集技术将成为旧工业构筑物生态再生利用中必不可少的组成部分。因此,在对旧工业构筑物进行再生利用时,要根据其所在地区自身情况选择适宜的技术进行叠加设计。

　　在设计过程中,应遵循被动式设计优先、主动式技术优化和可再生能源补充的设计原则,减少资源、能源的浪费。在进行再生利用时,要考虑资源的合理利用及循环利用的可能性。在选择新材料及能源时,尽可能选择可再生材料及能源,外围护结构的性能严重影响旧工业构筑物的能耗,对其进行局部替换或增删,可以有效提高旧工业构筑物的保温隔热性能,减少采暖和制冷对空调的使用,从而降低旧工业构筑物的能耗,提升室内舒适度。旧工业构筑物生态再生利用的目的就是要营造一个温度适宜、空气清新的环境。良好的室内环境需要充分利用自然资源,因此自然采光及自然通风成为室内环境不可或缺的一部分。在旧工业构筑物再生利用的过程中,要结合室内空间进行布置,改善其内部的空间品质(即采光、隔声和通风),达到旧工业构筑物生态再生利用的要求。

　　图 7.3 所示为美国普罗维登斯钢铁工厂院落,此钢铁工厂原是被遗弃的

工业用地,生态环境极其恶劣。设计师希望在生态的基础上体现出"城市野生"状态,因此对场地进行了严格的雨水管理和土壤过滤,并且采用的种植策略和使用的可再生材料都遵循可持续发展理念。通过土地修复、雨水管理和空间改造,以及对场地的再利用,将原场地改造成为一个环保再生场地。项目采用了很多常见的再生材料,如工地金属废料、家用电器、自行车等,这些再生材料被加工集成,形成场地的特色。透水路面和"护城河"的设计创造性地解决了可持续性问题。

图 7.3　美国普罗维登斯钢铁工厂院落

7.1.4　生态韧性解构特点

1. 生态系统的多样性

生态系统多样性主要是指地球上生态系统组成、功能的多样性以及各种生态过程的多样性,包括生物圈内生境、生物群落和生态过程的多样性,以及生态系统内生境差异、生态过程变化的多样性等多个方面。其中,生境的多样性是生态系统多样性形成的基础,生物群落的多样性反映了生态系统类型的多样性。

2. 生态系统的自适性

生态系统的构成决定了它具有环境自适性,其中负反馈调节是生态系统自我调节能力的基础,其作用是能够使生态系统达到或保持平衡(稳态),其结果是抑制和减弱最初发生变化的那种成分所发生的变化。而韧性是将扰动视为城市系统内部机制进行学习及修正的机会,并根据环境变化主动调节结构的形态与功能,从而达到新的平衡。

3. 生态系统的恢复力

生态环境是生物及其生存繁衍的各种自然因素、条件的总和,是由生态系统和环境系统中的各个"元素"共同组成的一个大系统。生态环境自身构成相对稳定的环境循环系统,在一定程度的灾害下自身具有恢复能力。

4. 生态系统的创新性

创新性是指生态系统能够从外界干扰的经验中吸取教训并积累创新与学习能力,使系统逐步提升到更为先进的状态。例如,韧性视角下的城市水利基础设施经过景观化提升后发展出新的内容,使自身拥有在雨洪来临时的适应能力、雨洪消退后的创新生长能力及常态下保持公共空间属性的能力。

7.1.5 生态韧性解构现状

在以往的旧工业构筑物改造中,由于缺乏绿色节能意识,在室外微气候、室内热环境、围护结构性能等方面存在问题。首先,对于旧工业构筑物室外微气候考虑不周到,旧工业构筑物之间距离过近,通风效果较差,对室内热环境产生较大的影响,不利于室内热环境的调节。其次,围护结构保温隔热性能比较差,夏季室内过热,冬季室内过冷。现状主要问题包括三个方面,即空间结构与城市割裂、围护结构热工性能较差、内部舒适度较差。

1. 空间结构与城市割裂

通过对许多旧工业构筑物进行实地调研发现,旧工业构筑物多邻近城市内的河流分布,这样既能方便地获取工业用水,又能通过船只运输原材料和产品。随着旧工业构筑物的废弃和闲置,这些旧工业构筑物及其附属构筑物逐渐成为独立于城市其他区域的斑块,影响城市河流沿岸的风貌,犹如城市空间结构的毒瘤,无法使城市绿色、有机、开放地发展。

2. 围护结构热工性能较差

许多旧工业构筑物的外墙以砖墙为主，这使得围护结构的热工性能较差。这种现象在再生利用后的旧工业构筑物中仍然出现，设计师为了追求旧工业构筑物的沧桑感，忽略了旧工业构筑物的能耗问题，造成巨大的能源浪费。有些旧工业构筑物在再生利用时，保留了原有的工业形象，延续了城市的历史记忆，但由于没有对其围护结构进行保温隔热处理，加之内部没有集中供暖，导致室内热环境不佳，需要长期依赖空调进行室内温度的调节，严重增加了旧工业构筑物的能耗。

3. 内部舒适度较差

现存的旧工业构筑物开窗较少，内部自然通风及自然采光条件较差，造成内部空间昏暗、空气质量较差的现状。其实，即便是再生利用落成的项目，也多采用人工光源与空调设备进行室内环境调节。据统计，长期不见光或长期工作在人工光源下的人，容易患季节性的情绪紊乱、慢性疲劳等疾病。因此，在采光和通风较差的构筑物内部长时间活动，对人体健康会产生消极影响。

废弃的旧工业构筑物所在区域，由于工业生产所产生的垃圾，其内部和周边的土壤、水体以及植物等自然要素所构成的循环生态系统会遭到破坏，也间接地影响了生物多样性，如图7.4所示。

(a)　　　　　　　　　　　　　　　　(b)

图 7.4　破败的厂区环境

(a)废弃后的厂区杂草丛生；(b)废弃后的厂区生态风貌

7.1.6　生态韧性解构意义

1. 实现规划设计整体性

旧工业构筑物生态修复与景观再生的影响因素是多方面的,包括场地本身的自然环境要素,如地形地貌、水体、植被等,还包括场地周边的区域环境、人们的游憩需求以及周边资源的供给能力。在分析旧工业构筑物所在区域的各种影响因素时,整体化的考虑能使区域的自然特征和经济发展相适应,从而达到景观结构和功能的整体优化。

2. 促进生态资源再生利用

基于生态学、恢复生态学理论,对旧工业构筑物所在区域进行生态修复整合,保护和恢复生物多样性,构建完整的生态系统,并采取相应的生态修复工程技术,有效利用旧工业构筑物现有景观要素,将其进行景观化、生态化处理,可以实现场地的可持续发展。

3. 增强景观环境美观性

在保证生态修复的基础上,利用好旧工业构筑物及其周边环境的现有景观要素,发挥其生态、历史和文化价值,可以提升场地的美观性,为区域环境质量的提升提供良好的基础,同时提升场地环境的生态韧性。

4. 丰富现代城市的社会生态

在旧工业构筑物再生利用设计中,可灵活分隔内部空间,并且可以引入一些绿化植物,达到视觉上的生态效果,也提高了旧工业构筑物内部空间的空气质量,既满足新的功能要求,又能使旧工业构筑物内部环境的生态效应愈发显现出来。

5. 节约能源和资源再利用

全国各地有大量的空置旧工业构筑物无人使用和维护,这无疑是一种巨大的资源浪费。旧工业构筑物再生利用是对物质及社会文化遗产资源的重新整合和利用,将会节约巨大的资源和投资费用。随着环保要求的不断提高,以及"碳中和"概念的提出,相比于拆除重建,旧工业构筑物再生利用可以更大限度地减少建筑垃圾以及施工污染。

7.2 土壤韧性解构

7.2.1 现状梳理

土壤韧性解构以工矿区破坏土地的土壤恢复或重建为目的,通过科学评估,采取适当的技术工艺,应用工程措施、物理措施、化学措施、生物措施等进行科学修复,重新构造适宜的土壤剖面和土壤肥力,在较短的时间内恢复和重构土壤的生产力,并改善土壤的环境质量,最终目标是达到社会、经济、生态的最佳综合效益。土壤韧性解构的特征包括土壤融合、土壤调节、土壤生产和土壤保护,如图 7.5 所示。

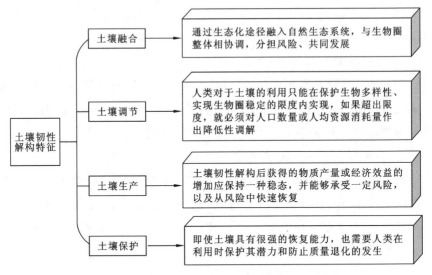

图 7.5　土壤韧性解构的四个特征

旧工业构筑物所在工厂的粉尘和有害气体会对土壤生态系统造成破坏,废弃的沉积物、矿物渗透物和工业污染物等也会使得土壤失去天然养分。因此,为了消除土地污染,必须要进行地表环境的治理与恢复。例如,美国西雅图煤气厂公园,最初的研究调查显示,其土地被严重污染,使得植物难以正常地生长。因此,采用物理及生物两种方式,将能够溶解原油的生化酶添加到受到重度污染的土地中,并添加淤泥和草屑等物质以提高其生物活性,从而提高土地的再利用性,如图 7.6 所示。

图 7.6　美国西雅图煤气厂公园地表修复

7.2.2　提升策略

根据修复原理的不同,污染土壤修复技术包括物理修复技术、化学修复技术和生物修复技术,如表 7.1 所示。

表 7.1　污染土壤修复技术

分类	技术名称	适用土壤	典型优缺点	做法
物理修复技术	热脱附技术	被高浓度有机污染物污染场地的土壤	处理范围广,设备可移动,修复后的土壤可再利用;但设备价格昂贵,脱附时间过长,处理成本过高	通过直接或间接的热交换,将土壤中有机污染组分加热到足够高的温度,使其蒸发并与土壤介质分离

分类	技术名称	适用土壤	典型优缺点	做法
物理修复技术	土壤蒸气浸提技术	含挥发性有机污染物（VOCs）的土壤	成本低，可操作性强；可采用标准设备，处理有机物的范围广，不破坏土壤结构，不引起二次污染	将新鲜空气通过注射井注入污染区域，利用真空泵产生的负压使新鲜空气流经污染区域时解吸并夹带土壤孔隙中的VOCs，夹带VOCs的空气经由抽取井流回地上；抽取的气体在地上经过活性炭吸附法以及生物处理法等净化处理，可排放到大气中或重新注入地下循环使用
	超声-微波加热技术	被石油等有机污染物污染的土壤	成本高	利用超声空化现象所产生的机械效应、热效应和化学效应，对污染物进行物理解吸、絮凝沉淀和化学氧化作用，从而使污染物从土壤颗粒中解吸，并在液相中被氧化降解成 CO_2 和 H_2O 或易降解的小分子化合物
化学修复技术	固定-稳定化技术	被重金属污染的土壤和清理铬渣后的堆场	成本低，对一些非敏感区的污染土壤可大大降低治理成本，但是需要的设备和仪器较复杂	将污染物固定在土壤中，使其长期处于稳定状态，防止或抑制污染土壤释放有害化学物质

分类	技术名称	适用土壤	典型优缺点	做法
化学修复技术	淋洗-浸提技术	被重金属污染或多种污染物混合污染的土壤	可去除土壤中的有机污染物,如多氯联苯(PCBs)、油脂类等易于吸附或黏附在土壤中的物质,但是用水较多,需靠近水源	将水或含有冲洗助剂的水溶液、酸/碱溶液、络合剂或表面活性剂等淋洗剂注入污染的土壤或沉积物中,洗脱土壤中的污染物
	化学氧化-还原技术	土壤和地下水同时被有机污染物污染	缺点是零价铁还原脱氯降解含氯有机化合物技术的应用,存在诸如铁表面活性容易钝化、被土壤吸附产生聚合失效等问题	通过向土壤中投加化学氧化剂或还原剂,使其与污染物发生化学反应来实现净化土壤的目的
	光催化降解技术	被农药等有机污染物污染的土壤	受土壤质地、粒径、氧化铁含量、土壤水分、土壤 pH 值和土壤厚度等因素影响较大	一般适用于突发事故导致的土壤污染的简单处理

续表

分类	技术名称	适用土壤	典型优缺点	做法
化学修复技术	电动力学修复技术	被重金属污染或有机污染物污染的土壤，特别适用于被小范围黏质可溶性有机污染物污染的土壤	修复速度较快、成本较低，但是对缺乏电荷的非极性有机污染物的去除效果不好，对于不溶性有机污染物则需要化学增溶，易产生二次污染	通过电化学和电动力学的复合作用（电渗、电迁移和电泳等），驱动污染物富集到电极区，再进行集中处理或分离
生物修复技术	植物修复技术	被重金属、农药、石油、持久性有机污染物、炸药和放射性元素污染的土壤	技术成本低，对环境影响小，能使地表长期稳定，可在清除土壤中污染物的同时清除污染土壤周围的大气和水体中的污染物	利用植物忍耐和超量积累某种或某些化学元素的功能，或利用植物及其根际微生物体系，将污染物降解转化为无毒物质，通过植物在生长过程中对环境中的金属元素、有机污染物以及放射性物质等的吸收、降解、过滤和固定等功能来净化环境
	微生物修复技术	被有机污染物污染的土壤	周期长，成本高	利用天然存在或筛选培养的功能微生物群，在人为优化的适宜环境条件下，促进或强化微生物代谢功能，从而降低有毒污染物活性或将有毒污染物降解成无毒物质，修复受污染的土壤

7.3　水系统韧性解构

7.3.1　现状梳理

水系统韧性概念是在生态韧性概念的基础上发展起来的。韧性的概念较早被应用到水管理中,而后又被应用到洪水风险管理中。水系统韧性的核心是当面临一种或多种水灾害时,城市水系统具有抵抗灾害发生的能力,在灾害发生后恢复的能力,以及自组织、学习和适应的能力。针对旧工业构筑物附近的水系统韧性解构规划设计,考虑到场地过去的使用性质,其水系统不可避免地会受到不同程度的污染。经过科学修复和先进技术应用,水系统的可持续利用能力、对污染和资源匮乏等风险的抵抗能力,以及从风险中学习并快速恢复至更先进系统的能力都会得到提高。

7.3.2　提升策略

1. 水体的自我修复

遭受工业污染的水体具有一定的自我修复功能(水体自净)。表 7.2 展示了 5 种常见的水体自净方法。

表 7.2　常见的水体自净方法

方法	内容
水体稀释	污水与天然水混合,可在短时间内降低污染物浓度,从而减轻污染物对水体生态的危害程度
水中悬浮颗粒对污染物的吸附	沉积物有一定吸附阳离子的能力,污染物吸附在沉积物上以后随同沉积物一起沉降至河床,使河水得到净化
废水中固体物质的沉降	废水中的固体物质密度较大,经过一定时间会沉降到底部
太阳紫外光的分解	太阳紫外光对表层水体中的很多有机物具有分解作用,这种分解作用也是水体自净的一部分

方法	内容
水体微生物的生物氧化	通过水体中微生物与污染物产生的各种化学反应(如氧化作用、硝化作用、藻类的呼吸作用等)来达到分解污染物的目的

2. 表面水体的人工修复

水体的自我修复功能是十分有限的,当水体污染负荷超过其环境容量时,水体自净作用便显得无能为力了。此时就必须采取人为措施对水体进行修复,使水体的生态功能在较短时间内得以恢复。在实际操作中,有截污、底泥疏浚与掩蔽、建设岸边植被缓冲带等修复方法,具体的修复方法与其内容如表7.3所示。

表7.3　表面水体的人工修复方法

方法	内容
截污	通过截断水体外源性污染物的输入,可以减小水体的污染负荷。对于污染严重的河流,截污只是一个必要的前提条件,一般还需要应用其他修复技术方可达到修复的目的
底泥疏浚与掩蔽	底泥中蓄积的大量污染物会随着水温及水体动力学条件的改变而释放到水体中。底泥疏浚是对底泥进行异位处置,俗称清淤;底泥掩蔽则是进行原位固定处置,就是在污染的底泥上覆盖一层或多层清洁物质,将污染底泥与水体隔离开来,防止底泥中的污染物向水体迁移
建设岸边植被缓冲带	若旧工业厂区内部或者厂区附近有河流湖泊,可以利用在岸边建设植被缓冲带的做法进行水体修复,修复后的河流湖泊还可以作为旧工业区内的自然景观加以利用,充分发挥其价值。 岸边植被可以避免雨水溅蚀,减少土壤流失,阻止颗粒物向水体迁移。在河流岸边,可以既种植草坪,又种植花卉、灌木丛,以及柳树、杨树等树木,充分利用岸边湿地对污染物的截流和转化作用

方法	内容
清水冲污	清水冲污是通过水利措施修复河流水体的常用技术。该技术可快速、有效地减小河流污染负荷,减少水体中藻类数量(包括水体中藻毒素等有害物质的浓度),通过人为调水还可增强水的湍流强度,从而增加污染水体的溶解氧
生物修复	生物修复是指生物(特别是微生物)对环境中的污染物进行氧化降解,从而减轻或最终消除环境污染的受控制或自发的生态恢复过程。自然的生物修复速度是缓慢的,是难以满足人类需要的。所以我们通常所说的生物修复是指在人为强化条件下的生物修复

在将梅德里希钢铁厂改造更新为北杜伊斯堡景观公园(图7.7)的过程中,规划师将基地分为许多独立的运行系统。在水公园和周边植物聚集地的更新过程中建造了人工水渠和园内的水系统,帮助被破坏的环境恢复其自然更新能力。

图 7.7 北杜伊斯堡景观公园

3.地下水体的人工修复

地下水水质与旧工业厂区土壤是否受到污染密切相关,因此地下水体的修复通常和土壤修复结合起来进行。在对地下水进行修复以前,必须对厂区地质和水力水文学参数、污染物特性参数、地下水水质参数以及当地土壤特性参数等进行全面的现场调查。常用的地下水体修复技术有抽取-处理技术、气体抽提技术、空气吹脱技术、原位修复技术等,如表7.4所示。

表 7.4　地下水体修复技术

修复技术	内容	技术图示
抽取-处理技术	抽取-处理技术为传统的异位修复技术,是将受污染的地下水用水泵或水井抽取至地面进行处理后,再回注于地下的修复方法。 　　当受污染的地下水区域较大时,可采用多个水井抽取地下水,尽量使水井合理覆盖污染区域,并且要使抽水速度高于污染物在地下水中的扩散速度,防止污染物大面积地向四周迁移扩散。 　　这种方法的缺点是修复效率低,并且很难将吸附在土壤中的污染物抽取出来	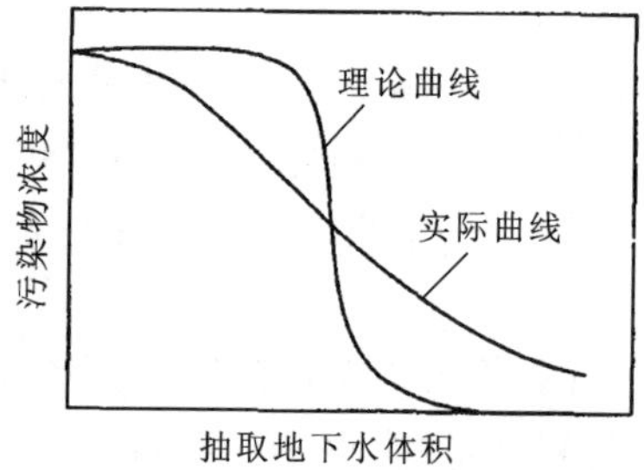
气体抽提技术	在受污染区域打一眼或多眼抽提井,利用真空泵抽吸使井中产生一定的真空度,从而将存在于土壤空隙、被土壤吸附、溶解在水中、漂浮于地下水水面或沉积于地下水下层的有机污染物转变为蒸气,将蒸气抽提到地面后进行收集或妥善处理。 　　如果地下水(或土壤)受到易挥发且在水中溶解度较小的有机污染物的污染,则宜采用气体抽提技术对地下水进行修复	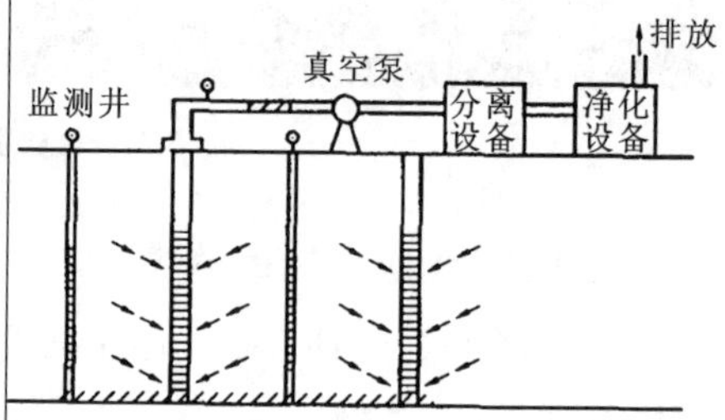

修复技术	内容	技术图示
空气吹脱技术	在一定的压力下,向受污染的地下水区域压入空气,降低地下水中挥发性有机污染物在土壤空隙气相中的分压,即可将溶解在地下水中、吸附在土壤颗粒表面或存在于土壤空隙中的挥发性有机污染物驱赶出来,再利用抽提井和真空泵等设备将驱赶上来的气态污染物抽吸至地面净化装置进行处理	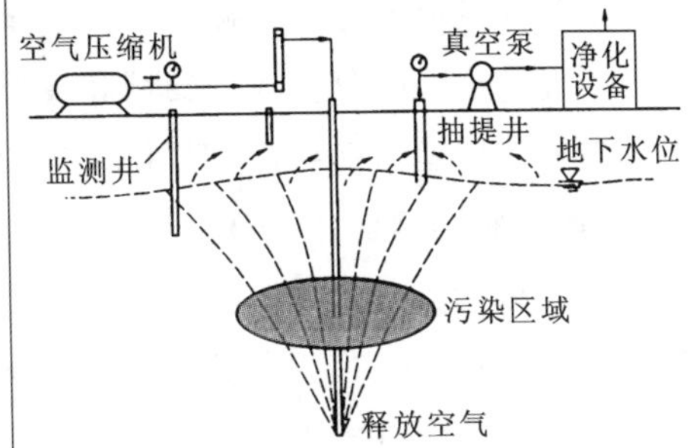
原位修复技术	在受污染区域钻两组井,一组是注入井,将用来接种的微生物、营养物质、电子受体和水注入土壤中;另一组是抽水井,将地下水抽吸到地面,诱导所需的地下水在地层中流动,以促进微生物的分布和营养物质的运输,并保持氧气供应	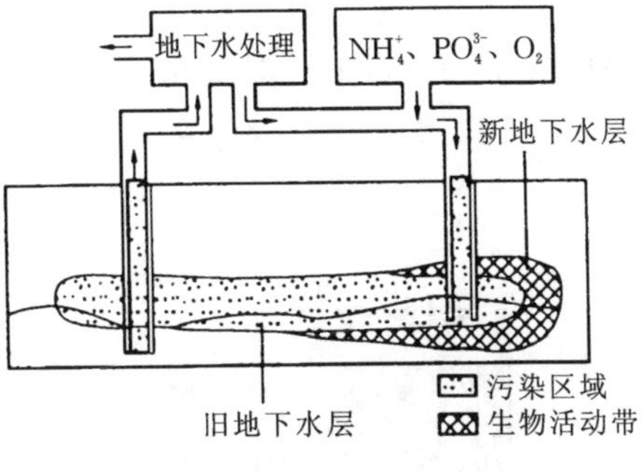

4.设立雨洪管理系统

对地表径流进行收集处理并循环利用也是水系统韧性解构的常用手法之一。其中低影响开发(low impact development,简称 LID)技术是现在最完善、使用频率最高的技术。LID 规划和设计的主要策略包括以下 7 个要点:

① 延长径流的通过时间;

② 维护自然的泄洪通道,并尽量分散径流;

③ 将不透水的区域与排水系统分开，取而代之的是通过透水区域下渗的雨水；

④ 保护能够减慢径流速度、可以过滤污染物、容易下渗的自然植被和土壤；

⑤ 引导径流通过有植被覆盖的区域，以过滤径流并回补地下水；

⑥ 提供小尺度分散式的要素和装置以实现调控目标；

⑦ 就地处理污染物，或者阻止它们的产生。

美国西雅图新建的盖茨基金会园区，基地旧址是一片有面积约 4.9 公顷、受到工业污染的土地。在进行必要的生态修复之后，园区内设置了一套完整的雨水收集装置，该装置贯穿整个场地以及建筑表面和内部，是维持场地内复杂生态系统的关键所在。园区内将近 100% 的雨水被收集至中央广场下方的雨水蓄水池，每年可节约高达 7570 吨水。约 3200 吨水被抽吸至建筑中作为建筑用水，2700 吨水直接作为灌溉用水，855 吨水通过过滤器过滤后导入场地中心深水池内作为景观用水，部分水蒸发进入大气中，另有部分水注入中心深水池内及灌溉周边的植被。整个过程形成了一个完美的循环系统，在节约资源的同时美化了环境，如图 7.8 所示。

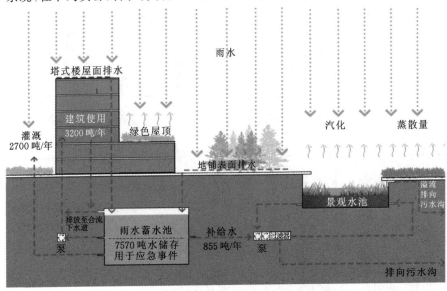

图 7.8 盖茨基金会园区内的雨水收集系统

此外，水景观也可以成为工业文化的载体之一，后工业场地设计应充分发挥场地自身的特点，结合修复后的水体，形成独特的景观。如德国杜伊斯堡内港的Küppersmühle博物馆便是在码头边进行的筒仓改造项目，加建后的筒仓尺度和使用的材料均与码头两旁的砖砌历史建筑形成反差效果，在水体景观的烘托下，强化了对工业历史地标的尊重与纪念，如图7.9所示。

(a)

(b)

图 7.9　Küppersmühle 博物馆

(a)远景；(b)扩建后

7.4　植被韧性解构

7.4.1　现状梳理

生态学所指植被恢复是指运用生态学原理，通过保护现有植被，封山育林或营造人工林、灌、草植被，修复或重建被毁坏或被破坏的森林和其他自然生态系统，恢复生物多样性及生态系统功能。植被恢复既是一种治理手段，同时也是治理的过程和目的。

要充分认识和了解场地所处地区的潜在干扰与冲击，将相应的韧性技术与植被景观融合，同时要在保护生态与开发建设的矛盾中取得平衡，在把握场地环境本质特征的基础上，对场地的生物环境状况和野生植物群落的物种组成与演替规律进行充分的调查与分析，保护野生和原生植被，根据总体规划的分区特点，将自然植物群落在组成、外貌、季相、群落结构等方面的特征与硬质景观要素结合,构建稳定的植物群落景观。

7.4.2 提升策略

植被韧性解构注重植物群落生态效益和环境效益的有机结合,构建结构稳定、生态保护功能强大、养护成本低、具有良好自我更新能力的植物群落。

场地中原有的植被是物种竞争、适应环境的结果,在生态适应性、经济性和管理上具有较大的优势,可对其进行再利用:

① 吸引野生动物来场地栖息,重新建立起场地中新的生态平衡,加强场地中生态系统的韧性;

② 植被自身就具有场地价值,保护场地上的野生植物可以创造出与常规园林不同的景观特质;

③ 某些具有特殊生态功能的乡土植物对极端环境具有较强的耐受能力,能够吸附、富集甚至转化某些污染物,对环境具有一定的修复作用。

植物的种类繁多,有的植物可适应恶劣的环境,如干旱地、盐碱地、含重金属离子或矿渣矿石等介质的土壤;有的植物可吸收污水或土壤中的有害物质;有的植物对环境具有监测作用,可以用来营造景观和辅助科学研究。同时,还有一些特殊类型的植物,如岩生植物、观赏草、芳香植物等,一方面,它们有较强的生存能力,能够很快适应并改善环境;另一方面,它们有很好的姿、色、形,具有美化环境的作用。例如,地带性植被的外形美观、自然,只要光照、热度、湿度都能够满足其要求,就能够实现较快的生长,能够在短时间内大面积覆盖原有区域,迅速达到理想的绿化效果,并且其抗污染能力强,易于粗放管理,如图 7.10 所示。

为缓解生产阶段排出的废气废料对场地生态环境的影响,应有针对性地配置植物品种,同时满足绿化和净化的要求。在选择植物品种时,应以抗污染(有害气体、烟、粉尘、噪声等污染)为基本条件,如绿地中可以栽植能够吸收二氧化碳、一氧化碳等有害气体的忍冬、紫丁香等。水中植物的选择也要发挥其吸声、净化水体的作用,保证旧工业厂区生态系统的平衡,如图 7.11 所示。

（a）　　　　　　　　　　　　　　　（b）

图 7.10　厂区绿化

(a)厂区草坪；(b)厂区景观植被

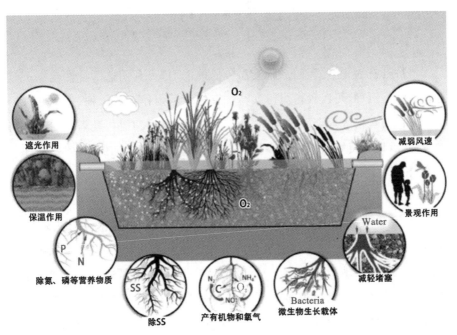

图 7.11　植物净化过滤示意图

　　在旧工业构筑物所在场地的植物造景中，根据场地情况利用空间资源，选择不同高度、颜色、季相变化的植物因地制宜地进行配置(图 7.12)。可科学搭配层次分明的植物群落，并结合地形、水体以及建(构)筑物空间形成特色场地;也可将藤蔓植物作为网状物和帘幕装饰原有的工业构筑物,起到强化场地特质、美化裸露外墙、活化颓废景观的作用。

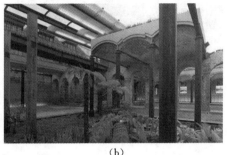

(a)   (b)

图 7.12 植物景观与工业遗迹

(a)植物景观与水体结合;(b)植物景观与建筑灰空间结合

植被具有净化空气、阻挡污染物传播的能力,可利用这一特性建立植被生态屏障。例如,可以种植对污染颗粒有较强吸附作用的树种(如二球悬铃木、三角槭、雪松等),全面加强环境的韧性。同时,大面积、聚集式的种植与水体结合,具有良好的阻止火势蔓延的作用,提高场地的防灾性能。

景观绿地作为重要的空气净化空间,被称为"天然绿肺"。在韧性理念的指导下,场地的绿地设计可与海绵城市相关理念结合,对雨水进行下渗、滞留、暂存等设计。草坪绿地对于阳光遮挡效果较差,雨水蒸腾快且养护成本较高,可选择下沉式绿地植被沟来代替草坪作为场地主要的绿地布置方式。下沉式绿地植被沟在平时可作为景观空间的主要构成部分之一,而在降雨量较大时可以分散地表径流并截留部分雨水。如图 7.13 所示,塞隆国际文化创意园内部景观采用下沉式绿地设计,雨水经过屋檐流入下沉式绿地并进行净化,平时可将存蓄的雨水缓慢释放以满足景观绿地用水,在暴雨发生时,下沉式植被沟道作为线性单元,可以充分发挥传输雨水、滞蓄径流的功能,为地上雨水指引运输路径,大大提高景观空间的防灾性能。

（a）　　　　　　　　　　　　　　　　（b）

图 7.13　景观空间韧性防灾设计

（a）下沉式植被沟道；（b）下沉式绿地设计

7.5　场地资源韧性解构

7.5.1　现状梳理

旧工业构筑物再生利用中的资源包含旧工业构筑物自身及周边资源，如部分废弃构件、周边荒废土地资源等，都可与旧工业构筑物的再生利用相结合。旧工业构筑物再生利用时，既不应大规模地拆建，也不应单纯地保留保护，而是应该采取适当的手段和策略进行科学的调整，延续其所在的生态环境、空间环境、文化环境等。例如，露天采矿废弃地形成的类似于"梯田式"的景观，开采程度较浅的可以以大地艺术为核心进行再生利用，开采程度较深的可以规划为生态植物园、露天博物馆等；而地下开采井可根据巷道内独特的内部空间进行规划。通过发展新功能，在旧工业构筑物场地资源的再生利用上可以实现可持续发展。

7.5.2　提升策略

一些遗存的工业设备或构筑物往往最能代表产业特征，它们蕴含着工业文化价值，在原有场地风貌的基础上整合设备设施并拓展其使用功能，结合现代元素对其进行再生利用或展示，能使其成为新的空间节点，再现环境的场所精神和历史氛围,传承工业文明和历史记忆,同时对旧工业厂房所表现的历史文化情怀形成补充,营造新的工业景观。通过增强景观类型的多样性、功能的多样性、服务的多样性,构建一个包容的空间环境形态,在增强韧性的同时,服务于人们的多样化需求。

对于不同的旧工业构筑物或设备,需根据其特点分别进行再生利用设计。例如,上海当代艺术博物馆的地标性烟囱不仅是一个景观,更是能够满足气温显示功能的气温计,如图 7.14(a)所示。北京天宁寺热电厂创意产业园室外的工业设备展示——"日晷",如图 7.14(b)所示,整体由风机上的叶轮和水泵轴杆打磨加工固定组成,形似日晷,象征时光流转。

(a)   (b)

图 7.14 多样化设计

(a)烟囱气温计;(b)"日晷"装饰构件

位于丹麦斯凯恩(Skjern)河的老旧泵站被改造为展览和观景空间(图 7.15),这种功能的置换使其成为地标性建筑,促进了地方旅游业的发展。此外,一些生活水泵房还可开展"设备开放日"活动,在特定时间内由专业人员带领游客参观并进行设备科普教育,有利于文化的传承。

结合废弃铁路改造而成的主题公园本身就具有工业文明的烙印,并且承载了记录城市发展历程的内涵,具有时代象征意义;同时,历史遗迹与现代生活共存,也给人们提供了更多的休闲娱乐空间,为城市生态系统的构建

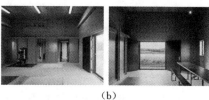

(a)   (b)

图 7.15　丹麦 Skjein 河泵站更新

(a)丹麦 Skjern 河泵站建筑效果；(b)丹麦 Skjern 河泵站内部效果

作出贡献。例如北京的京门铁路主题公园、天津的创意铁路文化主题公园、杭州的江墅铁路遗址公园等,如图 7.16 所示。

(a)   (b)

图 7.16　铁路主题公园

(a)北京京门铁路主题公园；(b)杭州江墅铁路遗址公园

德国鲁尔城西公园的道路设计,将工业构架和生态步行廊道规划得各自通达又互不隔断,形成立体化空间,如图 7.17 所示。

图 7.17　德国鲁尔城西公园廊道景观

7.6 韧性提升技术要点

7.6.1 提倡生态文明,培养公民生态意识

生态文明意识是从人与自然的整体优化来看待人类社会发展的一种观念,在价值取向上强调人与自然平等、共生与互利的关系,并以此规范人们的行为方式,实现人与自然的良性循环与和谐发展。公民强烈的生态文明意识,是推动生态文明建设和工业产业生态化转型发展的精神动力。城市的生态环境现实和经济发展实情,要求我们认真做好经济发展与环境保护协调共进的工作,必须坚持"环境保护、教育为本"的方针,培养和增强公民强烈的生态文明意识,这对我国生态文明建设有着重要意义,也是促进工业产业向生态化转型发展的思想保障。生态文明意识包括三个方面:一是对于生态文明知识的了解程度;二是对建设生态文明的态度及评价;三是对生态文明建设的参与程度。从这三个方面出发提高公民的生态文明意识,需要加强宣传教育,树立生态发展、绿色循环生产的创新理念,加强人与自然和谐相处的生态教育。

1. 加强生态文明观教育

马克思主义生态文明观的核心是人与自然的和谐关系。通过马克思主义生态文明观的教育,人们充分认识到人是自然界长期发展的产物,也是自然界的一员,人不能离开自然界而生存,否则生态危机就会演变成人类生存危机。

2. 加强生态道德观教育

加强生态道德观教育,把人类社会的道德领域拓展到自然生态领域。人对自然的道德认识需要通过教育来促使传统道德观向生态文明道德观转变,这样才能增强人们对保护生态环境的道德意识,深刻认识到保护环境、维护自然生态平衡是人们应担负的道德责任和应履行的道德义务。

3. 加强生态文明法治教育

保护生态环境、建设生态文明,不仅需要文化道德支撑,更需要社会法

治保障,通过对生态环境保护与生态文明建设相关法律、法规及政策、规章制度的普及与宣传教育,让公民了解相关法规与条例,提高公民依法建设生态文明的自觉意识,促使公民生态文明意识的提高。

7.6.2　节地与室外环境

人口基数大、人口众多、人均可利用的土地资源相对稀缺是我国的基本国情,因此节约土地资源、提高土地利用率是保证人们美好生活的基本条件。对于旧工业构筑物的再生利用,在满足新的功能需求的同时不再占用新的用地,本身就是节约土地的一个重要方面。此外,还应注重有效利用地下空间,对于一些对通风、采光要求不高的功能空间(比如停车场、储藏室等),可以安排在地下室。在再生利用过程中,对旧工业构筑物屋顶以及外围护结构加以利用,布置垂直绿化、太阳能发电板,都是节约土地的重要手段。

7.6.3　节能与能源利用

在旧工业构筑物再生利用过程中,除了改善室内环境的被动式节能,还应采用主动的节能措施,主要包括旧工业构筑物使用过程中排风装置的能量回收再生利用与可再生能源的应用。可再生能源清洁无污染,对自然环境的负面作用极小,在再生利用过程中可利用的可再生能源包括太阳能、地热能、风能和生物能。太阳能是最重要的可再生能源,利用途径有太阳能发电、太阳能集热、太阳能制冷和设置被动式太阳房等。

1．节约能源

1）屋面再生利用设计

将绿色设计理念应用到旧工业构筑物屋面再生利用设计中十分重要,合理的节能措施能起到降低能耗、保护环境的作用。在旧工业构筑物屋面再生利用中,应用较为广泛的是屋顶绿化。

2）墙体再生利用设计

大部分旧工业构筑物墙体较厚,为实心砖墙体,结构造型通常比较简单,且暴露在外,也没有设置保温隔热层,导致外围护结构保温隔热效果比较差。因此,旧工业构筑物在再生利用时,需要在外墙设置保温隔热层,注重保温隔热性能的提升。在绿色文化设计理念下,旧工业构筑物的节能效果需要得到提升,因此最好选择绿色环保的保温隔热材料,在满足绿色设计理念的基础上,提高旧工业构筑物墙体的保温隔热性能。

3）门窗再生利用设计

大部分旧工业构筑物,如筒仓、冷却塔、水塔、烟囱和储气罐的墙体往往是四周封闭的,一般需要在墙体上增设门窗来满足使用人群对于采光和通风的需求。在旧工业构筑物门窗再生利用设计中,应充分融入绿色设计理念,应用节能技术,在保证日常需要的光照、通风等基础上,增强门窗的密封性,避免热量损失过多(可通过设置密封条解决热量损失这一问题)。在门窗材料的选择上,可以根据实际需求合理选择,最好选择性价比较高的门窗材料,例如,塑钢门窗、隔热断桥型节能保温门窗等。完成旧工业构筑物门窗再生利用之后,旧工业构筑物门窗的保温隔热性能就能够得到较大的提升,并且还可以减少再生利用的成本。

2. 提高可再生能源利用效率

在再生利用过程中,除了降低旧工业构筑物对能源的需求,还要提高其对可再生能源的利用效率。

太阳能作为最常见的清洁可再生能源之一,应用领域广泛。在太阳能丰富且太阳能资源稳定的地区,旧工业构筑物再生利用应优先选择太阳能。目前太阳能在旧工业构筑物节能方面的应用可分为光热转换和光电转换两种形式。

1）光热转换

太阳能光热转换就是利用适当技术将太阳能转化为热能。光热转换再利用可分为直接利用和间接利用两种形式。其中间接利用是利用太阳能制冷,目前这种技术还处于研究阶段,仅仅生产了几台转换样机,还不能作为一种成熟的技术来推广。目前旧工业构筑物再生利用主要采用直接利用的方式,如太阳能热水系统、被动式太阳房设计等。

被动式太阳房由集热器和蓄热体组成。集热器是太阳能的吸收装置,蓄热体是太阳能的储热装置。按照集热形式的不同,被动式太阳房又可分为直接受益式、集热蓄热墙式及附加阳光间式三种形式,如表 7.5 所示。

表 7.5 被动式太阳房的类型

类型	特点	要点
直接受益式	利用南向的大面积开窗接受太阳能辐射。射入的阳光被室内墙壁、地板及其他储热物体吸收,从而增加室内空气温度	这个做法热效率高,但是室温波动会很大。因此适用于只在白天利用的房间,如教室、办公室等
集热蓄热墙式	集热蓄热墙式需要在外墙和玻璃外罩之间形成空气间层,通过墙体的蓄热效果给室内供热	这种做法可以调整蓄热墙的面积,满足不同房间的蓄热要求
附加阳光间式	附加阳光间式是在集热蓄热墙式基础上发展而来的,也是在南向加建玻璃间层,与集热蓄热墙式相比,其玻璃和墙体的间层会更为宽阔	设计时需要在玻璃墙与阳光间作用的墙体上分别开设排气口,这样才能有效地改善室内温度

2)光电转换

太阳能光电转换是白天利用太阳能电池储存太阳能转化的电能,晚上利用放电控制器把电能释放出来,供夜间照明和其他用途。

另外,将太阳能构件与旧工业构筑物进行一体化设计,不但能够为旧工业构筑物自身提供部分能量,还可对旧工业构筑物的外观产生巨大影响。在众多的太阳能构件中,太阳能光伏板与旧工业构筑物一体化设计结合得最密切,包括屋面一体化、墙面一体化及构件一体化三个方面,如表 7.6所示。

表 7.6 太阳能光伏板与旧工业构筑物一体化设计的集成方式

类型	特点
屋面一体化(平屋面)	光伏构件以倾斜的方式接收太阳能,布置的自由度和灵活度大,但是与旧工业构筑物融合度不高,对于提升整体美感效果不明显

类型	特点
屋面一体化(坡屋面)	光伏构件负责发电,原屋面负责防水,两者互不干预,相互独立,特别适用于旧工业构筑物改造、加建项目
墙面一体化	多个光伏板可以组成光伏幕墙,形成旧工业构筑物立面的构成元素,不透明的光伏板与透明玻璃配合,也是高层办公楼经常采用的节能手段
构件一体化	光伏板作为旧工业构筑物的外遮阳构件,既可发电,又能达到遮阳的效果,但是设计时要避免上下板材互相遮挡,影响遮阳效果,而且安装时要保证牢固性

太阳能光伏电池可以被赋予与传统旧工业构筑物材料相同的纹理、质感,是相对于色彩、形状而言更进一步的深层次融合,能够更好地"隐身"于旧工业构筑物中。如图 7.18(a)和图 7.18(b)分别是尺寸 1000 mm×2000 mm 的单晶硅仿砖和仿石材的光伏墙板,纳米光学膜覆盖在单晶硅电池板上,承担模仿纹理及质感、隐藏电池的美学功能和透过足够太阳能光的发电功能;钢化玻璃封装单晶硅电池和纳米光学膜,满足墙板高强度、耐腐蚀等建材功能需求。图 7.18(c)是尺寸为 600 mm×1200 mm 的磷化镉薄膜仿大理石光伏墙板,多彩的光伏薄膜与图案镀膜共同形成了仿石材的质感和纹理,封装的玻璃、不锈钢等材料承担建材的相应功能。图 7.18(d)是光伏墙板立面,完全隐蔽了单晶硅太阳能电池板,呈现出传统青砖旧工业构筑物的美学特征。

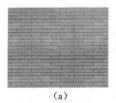 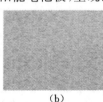 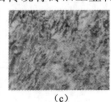 

| (a) | (b) | (c) | (d) |

图 7.18 仿砖石光伏

(a)单晶硅仿砖;(b)仿石材的光伏墙板;(c)磷化镉薄膜仿大理石光伏墙板;(d)光伏墙板立面

7.6.4　节水与水资源利用

水资源的使用时刻伴随每一个人的生活,节约日常淡水使用量,提高水资源的利用效率,在满足正常生活的前提下使用较少的水,对可持续发展有着重大意义。旧工业构筑物的节水措施主要包括以下三个方面的内容。

① 减少日常用水量。提高室内耗水器具的节水性能,采用节水器具(如节水水龙头),从用水设备终端减少水资源浪费。

② 提高水资源的利用效率。在旧工业构筑物使用过程中,空调冷却水、景观用水等均可循环利用,一水可多次利用。

③ 非传统水资源再生利用。再生水是指对污水处理厂出水、工业排水、生活污水等非传统水源进行回收,适当处理后达到一定水质标准,并在一定范围内重复利用的水资源。中水回用、雨水利用等节水措施均有明显的节水效果。

水资源问题是当前较为严峻的一大问题,在旧工业构筑物再生利用中,应注重节约水资源。相当一部分的旧工业构筑物群抽取自备井的地下水并对其过滤后使用,一方面,自备井所提供的地下水的质量稳定性不足以满足再生利用后民用构筑物的使用要求;另一方面,过度开采地下水带来的地质问题会对环境产生极为不良的影响。因此,应该优先考虑重新接入市政自来水,由市政对水资源进行集中调度后分配使用。另外,对于排出的废水,应将其回收再利用,或者收集雨水,实现雨水资源利用价值最大化,并借助节能技术完成节水改造。在具体的再生利用中,合理把控实际用水量,通过修复用水设备或者在旧工业构筑物设备的基础上完成节水再生利用。例如,充分利用节能型卫生器具,将节水设备引入旧工业构筑物再生利用中,有效实现节水;合理处理废水,实现回收利用,并引入雨水、雪水回收设备,通过净化处理,将其储存起来用于灌溉、冲厕所等。此外,充分利用新型透水材料,将其应用到旧工业构筑物地面上,保证雨水可以渗透进土壤中。

7.6.5　节材与材料资源利用

中国的快速城镇化使建设行业飞速发展,构筑物材料的消耗日益增加,在设计建造过程中考虑节材与材料循环使用,能够减少建造过程对自然环境所产生的消极作用。在旧工业构筑物再生利用过程中,应体现旧工业构筑物的工业气息,创新性地利用原有结构、构筑物与废弃材料。节材措施主要包括以下三个方面的内容:

① 最大限度地利用原有构筑物的结构,减少不必要的拆除改建;

② 在构筑物建材的选择上,多使用可再生、可循环的环保建材;

③ 充分利用保留下来的废弃设备与材料,通过艺术化的处理,形成新的室内外景观。

在旧工业构筑物绿色再生利用中,需要对材料再生利用提高重视。在具体的再生利用中,最好选择一些新型的节能材料,为了防止造成资源浪费,避免出现二次再生利用等现象,在再生利用之前,需要先了解实际需求,从旧工业构筑物的使用功能着手,结合市场情况,保证一次性再生利用成功。对于旧工业构筑物再生利用施工中拆卸的构件、边角料等,应将其集中回收,并应用到后续再生利用施工中,或者可以对设备、构件等进行修复,突出旧工业构筑物的历史价值。例如,将拆掉的门窗设备再次应用到旧工业构筑物再生利用中,通过创新、再生利用,以茶桌、作品展示台等形式重新呈现,充分展示出旧工业构筑物的文化特点。

在旧工业构筑物外墙上引入绿化植物等生态元素,包括采取植物绿化外墙、垂直绿化外墙等方式,可以起到外墙保温隔热、净化空气、消声、美化环境等作用。旧工业构筑物外墙绿化主要有三种类型:一是在外墙墙角的土壤中种植攀缘藤本植物,如爬山虎、扶芳藤等,它们主要依靠其他支撑物附着在墙体上,可沿构筑物立面生长至 20 米;二是在构筑物外部安装攀缘植物的支架,利用支架和灌溉系统设置攀缘植物生存载体,为攀缘植物的生长提供化肥和水;三是利用构筑物的支撑构件安装从墙壁延伸出来的支撑框架、生长载体以及灌溉系统。旧工业构筑物粗糙、厚重、斑驳的外墙与墙上充满活力的植物可以构成人工与自然、刚硬与柔软、厚重与轻盈的反差对比。例如,上海宝山区北部的宝钢煤厂筒仓立面更新项目采取绿色、高效、节能的规划设计理念,在立面改造中选择木格栅和绿植,设置绿化格架和绿化坡道,起到生态化装饰效果,如图 7.19 所示。

图 7.19　上海宝钢煤厂筒仓立面更新

在旧工业构筑物再生利用中,选择绿色建筑材料非常重要。选择合适的绿色建筑材料既能保证旧工业构筑物无污染,又能保证旧工业构筑物的安全性,还可以让旧工业构筑物产生一些对比变化。

旧工业构筑物绿色再生利用要考虑资源的合理利用及循环利用的可能性,选择材料时应严格遵守国家相关政策,禁用或限用实心黏土砖,少用其他黏土制品;积极选用利废型建筑材料,如利用页岩、煤矸石、粉煤灰、矿渣等废弃物生产的各种墙体材料;选用可循环使用的建筑材料,如连锁式小型空心砌块。在选择新材料及能源时,尽可能选择无污染且可再生的材料和能源(如风能、太阳能、生物质能等),如图 7.20、图 7.21 所示。

图 7.20　复合材料改造的筒仓和工业集装箱

图 7.21　复合材料改造的粮仓

1. 既有材料

在旧工业构筑物再生利用的材料选取方面,首先可考虑对拆掉可回收的建筑材料进行循环使用;其次在选用新材料施工时,要考虑选择可再生、回收利用率高的建筑材料。

1) 原材料的绿色再生

对于场地中被拆除的旧工业构筑物原构件或废弃物,可进行喷漆或打磨处理,巧妙地布置在新构筑物里。废旧材料的再利用起始于包豪斯期间,这种模式既维系了工业文脉,又避免了资源的浪费,是一种成本极低的材料生态使用方式。例如,我国绿色低碳建筑设计领军企业——天友设计的设计作品,对一些平时无用的废品进行艺术化处理重构,如图7.22(a)所示。其他利用案例,如以脱落的麦稻为原材料生产的生态板材制作成隔板和桌子;以使用过的硫酸纸筒为原材料,制作隔墙;对旧零件进行艺术化设计,使其成为工艺品、雕塑及创意家居品等,如图7.22(b)所示。

图 7.22　废旧材料的绿色再生
(a)废旧自行车再利用;(b)废旧材料设计的艺术装置

2) 废弃物的绿色再生

许多旧工业构筑物在再生利用过程中会产生大量的建筑垃圾及废弃物。由于种类繁多,在进行二次处理前需对其进行分类,通常分为混凝土碎石、废土污泥、沥青、木材、金属、玻璃及塑料等类型,具体分类及再生利用模式如图7.24所示。建筑材料通过一定的途径再次循环利用,也是实现材料资源韧性再生的一种方式,同时可以避免在施工阶段产生大量的废弃物造成环境污染。

2. 新材料

选择新材料要遵循的原则如表7.7所示。

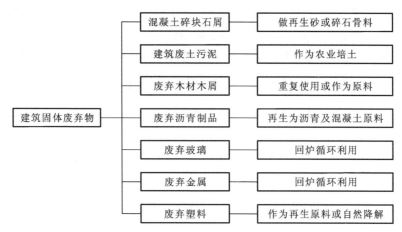

图 7.24 旧工业构筑物固体废弃物的再生循环示意图

表 7.7 新材料的选取原则

材料选择要点	选择原则
降低非再生资源的使用	尽可能降低对各种资源尤其是非再生资源的消耗
多采用绿色建筑材料	尽可能使用生产能耗低、可以减少能耗的绿色建筑材料
多选用当地材料	尽可能就地取材,减少在运输过程中的能源消耗和污染
利用原建筑材料	提高原建筑材料的利用率
采用环保室内材料	严格控制室内环境质量,争取有害物质"零排放"

部分旧工业构筑物材料在生产过程中需要矿产资源等,随着城市建设的发展,矿产资源逐渐稀缺,持续性开采将会对生态环境造成不可修复的破坏。生态绿色理念强调减少资源消耗,研发低碳环保型建筑材料,可以在一定程度上减少对生态原材料的开发利用,在生产建筑材料的过程中也可使用其他材料来代替生态原材料。

例如,在旧工业构筑物再生利用过程中必须用到混凝土和水泥,这两种材料在传统的生产过程中需要使用大量矿石和水资源,且排放的污水对环境也有较大危害。生态水泥的研发很好地解决了此问题,生态水泥利用钢铁渣、火山灰、火山炭等固体废弃物进行生产,这种水泥的性能与传统水泥的性能相似,但生产过程中节省了较多的矿产资源。同时,与传统水泥生产过程相比,生态水泥减少了25％的二氧化碳排放量和40％的能源消耗量,且这种水泥可融入生态环境中,更大限度地减少了污染。

8

旧工业构筑物再生利用韧性
解构案例

8.1 项目概况

8.1.1 项目背景

深圳蛇口大成面粉厂的前身是远东中国面粉厂,它是一家承载着深圳工业记忆的面粉企业。1980 年 4 月,招商局与远东面粉厂(香港)有限公司签订了一项合资协定,在蛇口工业区设立远东中国面粉厂有限公司,正式开启了蛇口工业区外企独资工厂发展之路。远东中国面粉厂的建设工作由中国土木工程集团有限公司广州分公司承担,并在筒仓施工中创新性地运用了整体滑升模板技术。1990 年 10 月,台湾大成集团接管远东中国面粉厂并设立大成食品(蛇口)有限公司[图 8.1(a)],致力于生产及推广优质面粉,产品畅销香港及珠三角一带。

筒仓一直被用来作为大成面粉厂的小麦仓库。10 座巨大的圆柱形筒仓屹立在风雨中几十年,筒仓外立面上印着的 8 个大字——"大成面粉,铁人面粉",并没有随着时间的推移而被腐蚀,反而见证了大成面粉厂乃至整个蛇口工业区欣欣向荣的历史景象[图 8.1(b)]。然而,在经济飞速发展和城镇化进程不断加快的今天,随着人们越来越偏向现代化建筑的建设,工业遗存慢慢被忽视。

(a) (b)

图 8.1 深圳蛇口大成面粉厂

(a)大成面粉厂旧貌;(b)"大成面粉,铁人面粉"

2010 年,蛇口工业区启动转型改造工作。随后大成面粉厂被选为"2015 深港城市/建筑双城双年展(深圳)"主展场,也开启了转型之路。改造设计保持并加强了原有的工业特色,在各建筑中植入了新的功能,其中筒仓的改造设计理念旨在保持和恢复工业建筑原有的历史风貌,创造出与众不同的公众参展路线,让每个人都能有机会与工业遗存近距离交流。设计力求保持筒仓固有的空间特征,并保持其粗糙的外观特征,着重于其内部空间与展览空间的呈现[图 8.2(a)]。设计方案中,在东侧的一个筒仓搭建旋转楼梯[图 8.2(b)],楼梯通向二层,为游客打造独特的参展路线,利用不同的光线营造出不一样的视觉感受,但工程的完成情况与设计方案相差甚远,仅对二层空间进行了打通处理,形成完整闭合的展览空间[图 8.2(c)、图 8.2(d)]。

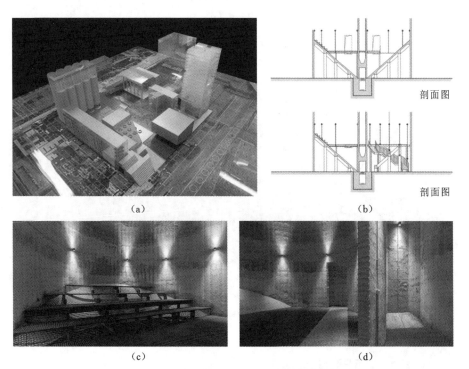

剖面图

剖面图

(a) (b)

(c) (d)

图 8.2 "2015 深港城市/建筑双城双年展"展览场地改造
(a)模型西南角视图;(b)模型东侧视角;(c)展厅;(d)筒仓壁开洞

8.1.2　项目区位

大成面粉厂坐落在深圳市蛇口太子湾片区,太子湾处于粤港澳大湾区的西向发展轴线上,是前海蛇口自贸片区未来发展的中心和深圳发展中国特色社会主义的先导区,大成面粉厂改造项目是提高深圳城市空间价值的实践案例。大成面粉厂距深圳市中心 17.5 千米,距深圳南山区 7 千米,距香港 35 千米,距中山市 31 千米。太子湾处于一个四维的交通枢纽,四维立体运输体系包含海、陆、空和轨道交通,周围交通便利,毗邻全球最大的机场群和港口群,具有高效率的商业优势,能很好地适应不同人群的交通需求。整体来看,项目所在区位地理位置优越,发展前景良好,南邻码头,北邻港湾大道。场地周边交通便捷,有城市主路、普通道路,周边还有地铁 5 号线经过,如图 8.3 所示,可满足各类人群的出行需求。

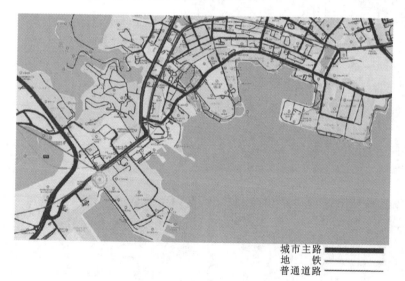

城市主路 ▬▬▬
地　　铁 ▬▬▬
普通道路 ▬▬▬

图 8.3　大成面粉厂区位图

8.1.3　项目现状

整个厂区内由于长期无人使用以及自然环境损坏,环境较差,品质低下。厂区入口处常年关闭,与外部空间的交流完全断绝,这就给人们带来工业遗存价值不高的客观印象,并且厂区内路面不平、凹陷的情况多有存在,十分影响工业遗存的形象与品质。厂区范围包括现有大成面粉厂、8号仓库缓冲装卸平台等建(构)筑物,用地面积共计1.94公顷。其中,大成面粉厂由面粉筒仓、磨机楼、仓库及写字楼等组成。面粉筒仓结构形式主要为混凝土、框架结构,屋顶形式为平屋顶,占地面积1080平方米,包括连体筒仓群和矩塔两部分,筒仓高度40米,矩塔高度48.7米;磨机楼有6层,建筑面积约2700平方米;仓库及写字楼建筑面积约2700平方米。现状总建筑面积约11000平方米,现状拆建情况如图8.4所示。

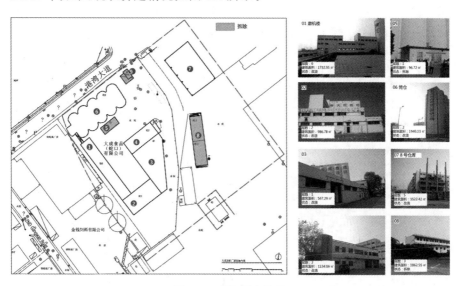

图8.4 现状拆建情况

作为深圳市十大工业遗存之一,面粉筒仓无疑是大成面粉厂最有工业价值的构筑物,其独特的建筑造型和结构形式都是现代建筑中不常见的。面粉筒仓在经历过2015年双年展改造后一直处于荒废状态,结构保存完好,底层空间矮小且有柱体支撑。筒仓上部用混凝土承重,壁厚260 mm,顶部有局部采光天井和矩形运输空间,西侧有垂直交通空间,构筑物外观工业感十分浓厚,文化遗存利用价值非常高。

8.1.4　上位规划

深圳市发展按照以人为核心的新型城镇化,统筹规划、建设、管理和生产、生活、生态等各个方面,构建适应高质量发展要求的国土空间布局和支撑体系,强化城市承载力、吸引力、竞争力和可持续发展能力,探索高密度超大城市高质量发展路径,实施"东进、西协、南联、北拓、中优"战略,优化"多中心、网络化、组团式、生态型"空间结构。

太子湾片区项目规划总建筑面积约 170 万平方米,以 22 万吨级邮轮母港为依托,同时涵盖商业、办公、商务公寓、住宅、酒店、仓库、文化艺术中心、国际学校、国际医院、交通核心枢纽等多元业态。项目的使命是打造中国的滨海门户与世界客厅。

太子湾片区规划目标为深化"三坊一城"("三坊"指居住坊、商业坊、邮轮坊),打造滨海花园城市空间。整个太子湾片区大概有 29 个地块,分为不同的功能业态,包括商业、办公、居住等,如图 8.5 所示。

·太子湾位于南山区南边,从福田区一直通过深圳湾到后海、前海、宝安区,是一条绵延15千米的滨海岸线。

休闲连接规划图

休闲链沿海岸分布,北部缺少相应配套设施

·太子湾的核心区,进一步挖掘每一个地块的特点,把每一个地块都连接起来,让商务人士在办公之余触手可及片刻的闲暇。

生活连接规划图

核心区特色明显,其余地区特点有待深化

·在太子湾的北区增添了文化元素。充分利用东面的微波山和西面的面粉厂的历史条件,加上一些文化建筑,形成一个有文化元素的连接。

文化连接规划图

大成面粉厂厂区是片区内文化特色较为明显的地区

图 8.5　太子湾片区规划分析

由此可知,项目定位与区域发展规划及深圳市总体发展规划一致,可依托工业遗址的文化基础,结合区域资源,为城市打造一个新型文化休闲区。

8.2 调查分析

8.2.1 现场踏勘

筒仓的内部空间环境仍然保留着当年厂区生产时的状态,内部的机械设备大多都已迁出。一层的大漏斗空间比较压抑,混凝土材质的大漏斗占据着这个近4米层高的室内空间,现存空间仅有漏斗四周可供两人正常通行,室内全部为混凝土材质,室内无开窗,所以显得很暗,地面有网状钢筋铺装,切割的筒壁保留完好。从筒仓的建筑内外以及结构特征来看,这座构筑物保存相对完整,局部立面有部分混凝土磨损严重,但不影响结构的稳定性。构筑物外立面没有开窗,筒仓部分为全封闭空间,改造中需要考虑增加开窗,创造更适宜的内部使用空间(图8.6)。

(a)　　　　　　　　　　　　　　　(b)

(c)　　　　　　　　　　　　　　　(d)

图 8.6　筒仓现状

(a)场地;(b)空间;(c)结构;(d)筒壁

通过现场测绘以及相关资料收集,得知筒仓进深 21 米,长 56 米,整体呈现的是 10 个筒仓与 1 个矩形塔,矩形塔为 5 米×7 米的框架结构,筒仓一层主体为 2.5 米×6 米的框架结构,二层为 10 个高度 40 米的混凝土筒仓,每个筒仓之间间距 1.5 米,并且形成星仓。本次检测鉴定主要依据部分设计图纸及现场测量,初步调查情况如表 8.1 所示。

表 8.1　筒仓初步调查表

建筑概况		建筑资料		基础资料		结构资料	
名称	卸料仓	建筑面积	约 1080 平方米	地基	天然地基	壁厚	260 毫米
设计用途	储料	仓高	40 米	基础	预制桩基础	结构形式	混凝土与框架结构
竣工日期	1982 年	平面形式	圆形	场地类别	Ⅱ类	设计变更	有
使用者	面粉厂	直径	10 米	有无改扩建资料	有	竣工记录	2015 年
二次使用者	双年展	用途变更	有	使用状态	荒废	抗震烈度	7 度

8.2.2　价值分析

1. 技术价值

整个筒仓由上料系统、仓储系统、运输系统组成,形成了一个完整的仓储系统,如图 8.7 所示,具有明显的早期工业化特点,是深圳工业发展的具体实例代表。筒仓的总体设施布局合理,施工工艺精良,有着明显的工业价值。尤其是 40 米高的水泥筒壁,承载了更多的生产元素,展现了建筑之美和技术之美,记载了时代技术和工业的变革,蕴含着巨大的技术价值。

2. 经济价值

大成面粉厂的多层矩形筒仓、大尺度筒仓、上层辅助用房表现出丰富的空间形态,并有很高的再利用价值,为实现功能转变提供了多种可能。大成面粉厂的筒仓有着很高的历史价值和很强的地理位置优势,一旦被开发出来,将会是一个非常活跃的地区,与当地的旅游业和商业发展相结合,会产

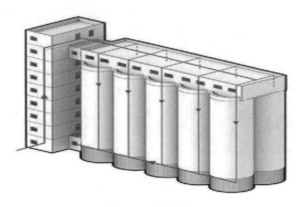

图 8.7   仓储系统

生很大的经济效益,并且会对周围的商业产生极大的影响。

3. 社会价值

大成面粉厂作为"2015 深港城市/建筑双城双年展(深圳)"的主展场,设计师对其筒仓空间的工业特征进行了保留和强化,让每位参观者都能近距离接触到工业遗存[图 8.8(a)]。毋庸置疑,筒仓是厂区内最具特色和最重要的构筑物,所以它的社会影响力更大。2015 年的双年展是一项重要的文化盛事,每周都会举办十余项各类活动,活动数量比往届增加了将近一倍,而且展览的内容与形式也更为多样化,涵盖建筑、摄影、绘画、戏剧、手工艺等主题,同时还会有演讲、工作研讨会、各种集市等活动,这里既是民众的文化交流场所,也是沟通工业与民众的纽带。2015 年的双年展邀请了很多著名设计师和孩子们共同制作乐高建筑模型,举办以"城市原点"为主题的讲座[图 8.8(b)],还有以"一带一路"为大视野的蛇口议事系列活动。一些文化界人士认为,2015 年的双年展其实已经超越了展览本身,是一项重要的社会文化活动,让参观者可以观看展览、学习、嬉戏和交流。

4. 美学价值

大成面粉厂筒仓在整个太子湾片区具有突出的位置优势,其位于整个湾区的核心位置,成为整个空间环境的凝聚点,展现出强烈的视觉冲击力,是整个湾区的标志性景观,如图 8.9 所示。筒仓及其周围空间环境展现出独特的工业气息,成为整个湾区独有的精神场所,这种美学价值为太子湾乃至

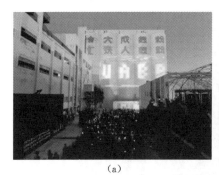 

| (a) | (b) |

图 8.8　2015 年深港城市/建筑双城双年展(深圳)

(a)开幕式;(b)讲座

深圳市的地域文化价值提升作出重大贡献。

图 8.9　太子湾标志性景观——大成面粉厂筒仓

5.生态价值

项目地处太子湾片区,周围生态状况良好,通过适应性改造,能够很好地实现项目与自然的和谐共生。另外,筒仓改造能够最大限度地节约资源、保护环境,并且能形成具有独特标识性的景观,增加区域的环境品质和艺术观感。

8.2.3　要素梳理

1.非物质要素梳理

筒仓的非物质要素包含面粉厂留下的时代记忆、面粉厂遗留的生产工艺、双年展留下的改造痕迹,以及地处深圳太子湾片区的地域特色,如图8.10所示。对于面粉厂业态的处理,更多的是重新植入文化业态,以获得更好的价值;面粉生产工艺对筒仓的建筑逻辑有着不可忽视的影响,同样需要在设计时予以尊重和利用;筒仓上标注的"大成面粉,铁人面粉"8个大字是改革开放初期独特的时代记忆以及工业文化记忆。如何应对筒仓非物质要素再利用成为大成面粉厂进行工业转型的关键,在保留地域特色的同时如何与筒仓的历史文化保持良好的互动关系成为设计的新课题。

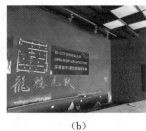
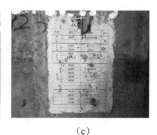

（a）　　　　　　　　　　（b）　　　　　　　　　　（c）

图 8.10　筒仓的非物质要素

（a）面粉厂记忆;（b）双年展记忆;（c）生产记忆

2. 物质要素梳理

筒仓的物质要素包含独特的混凝土与框架结构、圆形平面的筒仓空间、外部既有的涂料表皮和场地周围的现状景观,如图8.11所示。对于混凝土与框架结构的安全加固以及结构置换是新建筑能够重新投入使用的前提保证;对筒仓空间的设计是工业遗存再利用设计的核心所在;外部表皮的保护与再生关系到新建筑的形象与场地氛围;场地景观的重新整合更是筒仓与太子湾片区的二次重组。

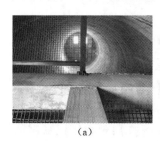
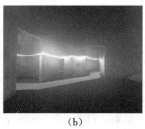

（a）　　　　　　　　　　（b）　　　　　　　　　　（c）

图 8.11　筒仓的物质要素

（a）混凝土与框架结构;（b）现状空间;（c）深圳湾

8.3 提 升 策 略

大成面粉厂内筒仓类工业遗存再利用设计依托建筑原本的文化价值，根据对太子湾片区内人群活动行为与实际需求进行具体分析，对筒仓的功能模式、场所记忆、生产路径、既有结构、空间形态和场地景观分别进行再利用设计，最终实现传播工业建筑保护与再创造理念的目的。将盒子上空的 4 个筒仓进行半穹顶式掏空，发挥筒仓结构的展示作用(图 8.12)。

图 8.12　大成面粉厂筒仓再生利用设计效果图

8.3.1　空间层面

大成面粉厂筒仓内部空间的置换方式包含水平分隔、垂直分隔、腔体植入和部分外延等。考虑到筒仓高度为 40 米，为使其再利用后便于人们使用，在垂直方向上进行分隔以提升空间使用效率。将筒仓空间划分为 10 层，1 层为建筑的主要门厅和对外开放的临时展厅；2 层由于空间尺度较小，只能作为展品的仓储空间；3 层是序厅和小型独立展厅；4～9 层包含不同通高的大型展厅和一个独立报告厅，以及书店、艺术品商店和开敞办公空间；顶层为餐厅,供人就餐观景,屋顶活动平台可进行交流活动(图 8.13)。

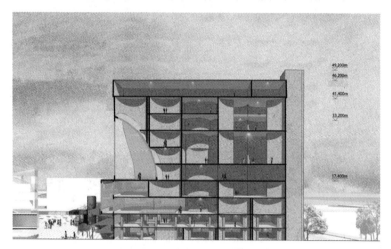

图 8.13　筒仓空间的置换

　　在每层中分别按照大小型展厅的空间序列需求进行墙体的水平分隔(表 8.2),隔出不同的曲面空间以满足不同展品的布置需求;东侧腔体的植入不仅增加了室内外交流空间,同时将筒仓内壁结构展示给整个场所;艺术盒子的设计便是部分外延的体现,体块的延伸既是体块逻辑的变化,也是结构体系的拓展,为筒仓建筑体量增添了些许新鲜感。

表 8.2　筒仓水平空间分隔

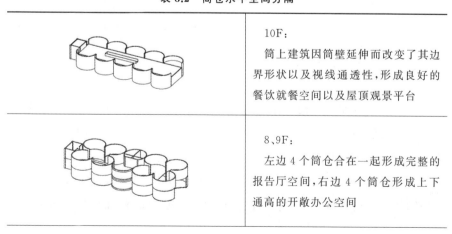	10F: 筒上建筑因筒壁延伸而改变了其边界形状以及视线通透性,形成良好的餐饮就餐空间以及屋顶观景平台
	8、9F: 左边 4 个筒仓合在一起形成完整的报告厅空间,右边 4 个筒仓形成上下通高的开敞办公空间

	6、7F： 左边 4 个筒仓做对半切并在中央设置中庭，形成摄影展厅，东侧的腔体开放空间用作咖啡厅和书店
	5F： 五层由于腔体的植入形成开敞空间，用作艺术品商店，左边 4 个筒仓做对半切，形成工业展厅
	3、4F： 将艺术盒子的矩形边界与左侧 6 个圆形筒仓形成对比，并将筒仓一分为四，形成活动展厅
	1、2F： 一层空间通过筒仓壁的切割形成开放展厅和门厅，二层空间由于过于狭小而改造为展品仓库

8.3.2　结构层面

首先对大成面粉厂筒仓结构进行检测加固，长时间的物料储存会导致筒仓内壁的磨损，在长时间的气候和地质影响下，筒仓结构会产生裂缝、钢筋暴露、钢筋生锈和保护层脱落等问题。需要对其破坏部位进行清洁灌浆处理，提高结构内部强度和外部美观度；对钢筋暴露的部位进行除锈补焊，保证钢筋的结构强度；对结构构件进行材料外包加固，例如采用外包钢或者喷射高强度灌浆料等方式。

对于结构体系的改造,需要充分考虑再利用功能需求和空间尺度。针对城市艺术展览中心的功能及空间需求,采取水平结构拓展的方式在筒仓东侧插入"玻璃盒子",并且以竖向结构拓展的方式将筒仓壁进行上延和体量虚化,在强调筒仓体量的同时加强餐厅空间与滨海景观的互动。对于筒仓结构的暴露部分,采取切分开洞的方式将东侧的 4 个筒仓打开,这样不仅可获得筒仓内壁与广场的视线交流(图 8.14),同时可以将单独的筒仓进行融合,但缺点是施工难度较大。

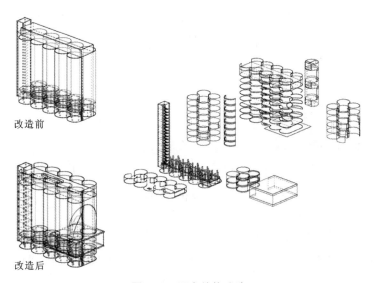

图 8.14 既有结构改造

8.3.3 文化层面

改造方案的主要功能构成可分为 7 个方面,即文化活动、艺术展览、图书阅览、餐饮、多功能演艺厅、综合服务、公共交通及配套设施(图 8.15)。改造后的筒仓利用旧构筑物空间营造具有工业文化特色的展览与商业空间,让更多的人能够身临其境地体验工业文明。新建部分位于筒仓东侧,在三层和四层外插入艺术盒子,对东侧的 4 个筒仓进行包装,透明的玻璃将筒仓作为艺术品放在"礼盒"中,同时也是艺术展览的序厅空间;礼盒的上部进行腔体结构挖空,主要目的是体现筒仓内部结构,从大尺度的角度直接展示筒仓类工业遗产的结构之美。

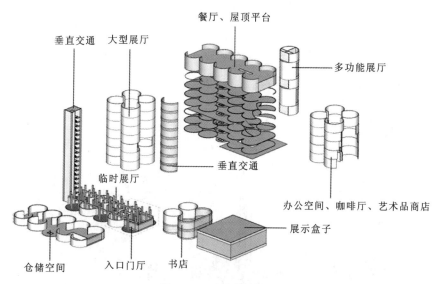

图 8.15 文化功能植入

同时,设计侧重于对场所记忆的塑造,选择原物保留、突出强调、提炼转译和场景再现的方式进行表达,从大成面粉厂加工生成的产品、建筑形态及颜色中提取具有代表性的场所记忆符号,其中具有代表意义的是筒仓外立面的"大成面粉,铁人面粉"8 个大字和筒仓类工业遗产特有的结构体系。对于面粉厂生产历史上具有叙事情怀的记忆符号——"大成面粉,铁人面粉"8个大字,设计进行了原物保留(图 8.16);对于面粉厂筒仓构筑物具有代表意义的结构体系,设计进行了突出强调,以腔体挖空的方式使得结构暴露在外,不仅能使储粮时代的场所精神得到延续,同时能对城市空间起到展示作用,以此强调筒仓的空间标志性效果(图 8.17)。

图 8.16　筒仓的立面记忆符号保留　　　　图 8.17　筒仓的结构记忆符号强调

8.3.4　社会层面

对于原有构筑物的功能改造(图 8.18),将一层空间开放设置临时展厅和艺术展览中心的门厅;二层空间由于原筒仓的漏斗的存在而无法设置人为活动空间,因此改造为仓储空间;中间的 2 个筒仓作为垂直交通空间和多媒体展厅;西侧的 4 个筒仓在不同楼层中做垂直分隔和水平分隔,形成丰富的展览空间;东侧的筒仓作为咖啡厅、书店和艺术品商店等公共交流场所;顶层筒壁延伸部分形成新的餐厅功能;西侧的矩形塔改造为货物运输及消防逃生通道。大成面粉厂筒仓再生利用项目致力于打造城市级的艺术展览中心,满足深圳市的文化展览活动需求,让各种群体都能够参与到文化创意活动中,同时可以带动经济效益。

8.3.5　生态层面

筒仓生产期间产生的粉尘对周边环境及地质表层造成了一定的影响,为了保证再利用后的筒仓不对周边环境产生影响,设计整治出一个安全开敞的场所空间,对筒仓场地 10 米内的地面进行平整及绿化,逐渐恢复周边的生态环境,在极具雕塑感的筒仓和极具景观感的港口之间设置视线通廊,同时在场地中引入演讲场所,以工业遗产为背景面朝城市,最大限度地向公众展示工业文明(图 8.19)。同时对筒仓进行景观设计,考虑到夜间观赏和周

图 8.18　功能空间示例

(a)艺术品商店;(b)多媒体展厅;(c)旋转楼梯;(d)书店;(e)屋顶阳台;(f)矩形塔

边场地活动的需求,用灯光照明设计的方式进行标志性塑造,以凸显筒仓的外形轮廓和大成面粉厂的夜景。高功率的射灯从上方照射下来,将柱子表皮照亮(图 8.20),所产生的光影完美契合了城市艺术展览中心的艺术气息,用简陋的照明点燃了历史的回忆,唤醒场地的工业记忆与共鸣。

图 8.19　筒仓的场地设计

图 8.20　筒仓的灯光照明设计

参 考 文 献

[1] 廖仪超.合肥工业遗产再利用策略研究[D].合肥:安徽建筑大学,2021.

[2] 王建国.后工业时代产业建筑遗产保护更新[M].北京:中国建筑工业出版社,2008.

[3] 李勤,武仲豪,代宗育,等.旧工业构筑物共享化利用模式选择及策略研究——以某冷却塔改造设计为例[C]//2022年工业建筑学术交流会论文集(中册).2022.

[4] 崔凯.文化创意视角下筒仓类工业遗存再利用设计研究[D].北京:北京建筑大学,2022.

[5] 许文.农村社区韧性治理研究[D].北京:中国矿业大学,2022.

[6] 王柔,季翔.旧工业建筑改造的表现语言[J].中外建筑,2007(4):64-67.

[7] 廖一聪.既有工业建筑改造中的结构表现策略研究[D].哈尔滨:哈尔滨工业大学,2020.

[8] 刘伯英.工业建筑遗产保护发展综述[J].建筑学报,2012(1):12-17.

[9] 刘宇.后工业时代我国工业建筑遗产保护与再利用策略研究[D].天津:天津大学,2015.

[10] 王欣.筒仓类工业构筑物的改造再利用研究[D].济南:山东建筑大学,2018.

[11] 段文凯.记忆场概念下的工业遗产筒仓改造研究[D].北京:中央美术学院,2020.

[12] 赵楠,范桂芳.价值体系下乌海地区旧工业建筑改造策略的启示[J].建筑与文化,2019(5):200-202.

[13] 刘峰,王恺成,汤岳,等.基于透明性理论的旧工业建筑表皮更新策略研究[J].工业建筑,2019,49(4):69-75.

[14] 李瑶.既有城区生态韧性因子构成与评估体系研究[D].天津:天津大

学,2019.

[15]　曾钟慧.韧性视角下的城市水利基础设施景观化研究[D].西安:西安建筑科技大学,2022.

[16]　李昕蕾.全球气候危机中的能源安全韧性治理[J].国家治理,2022(17):20-25.

[17]　梁馥梓艺.韧性视角下的资源枯竭型城市基础设施更新策略研究——以湖北黄石市为例[D].武汉:华中农业大学,2017.

[18]　章梦启.城市废弃铁路景观再生设计研究[D].杭州:浙江农林大学,2013.

| 旧工业构筑物再生利用韧性解构